Werder vom Weinberge aus

Nach der Natur gezeichnet
von W. Oeser, Werder, um 1850

AM

POLARKREIS DES WEINBAUS

Der Werderaner Wachtelberg

ROLAND FRÖHLICH

Herausgegeben vom Verein
zur Förderung des historischen Weinbaus
im Raum Werder (Havel) e.V.

Vacat Verlag

INHALT

ZUM GELEIT

Manch ein vermeintlicher Weinkenner wird zunächst verächtlich die Nase gerümpft haben, als 1991 die Lage *Werderaner Wachtelberg* als nördlichste Weinlage des Weinanbaugebietes Saale-Unstrut durch die Europäische Union für die Erzeugung von Qualitätsweinen zugelassen wurde. Was soll auf 52° 23' nördlicher Breite, jenseits der »Polargrenze«, schon für ein Rebensaft gedeihen? Verdient das Produkt überhaupt die Bezeichnung Wein?

Die wenigsten Menschen werden wissen, dass seit über 800 Jahren in Brandenburg Weinbau betrieben wird und auf märkischen Sandhügeln, unter märkischer Sonne durchaus gute Weine gewonnen wurden, die oft öffentliches Lob erhielten.

Diese Kultur konnte hier Fuß fassen und aufblühen, weil vom Niederrhein und aus Franken Siedler sowie Ordensbrüder – wie die Zisterzienser aus Burgund in die Mark kamen, die den Weinstock und Erfahrungen im Weinbau mitbrachten. Diese Schrift ist eine Würdigung der Verdienste dieser »Fremden« in der Mark.

Unter den Weinorten Brandenburgs war Werder mit über 200 Weinbergen auf 100 Hektar ein Hauptort. Die Weinkultur brachten die Zisterzienser Lehnins hierher. Jedoch erst unter dem Großen Kurfürsten begann die Blütezeit des Werderschen Weinbaus. Die alten Werderschen lebten hauptsächlich vom Weinbau. Die harte Arbeit in den Weinbergen hat ihre Lebensart geprägt. Dank dieser vorliegenden Arbeit wird vor allem das Wirken jener Weinbergsbesitzer, welche die Weinmeisterei erlernt hatten und sich im Wein- und Obstbau Werders besondere Verdienste erwarben, nicht in Vergessenheit geraten.

Nach Einstellung des Kelterweinbaus im 19. Jahrhundert wurde 1985 durch die damalige Gärtnerische Produktionsgenossenschaft *GPG Obstproduktion Werder* der Weinanbau wieder aufgenommen. Inzwischen ist durch Kreativität, Mut und Fleiß des Betreibers sowie durch die Unterstützung der Stadt Werder und von Weinfreunden wieder ein interessanter Weinberg entstanden, dessen Weine sich nicht hinter der Konkurrenz verstecken brauchen. Wer diese trockenen, fruchtigen, leichten, milden und spritzigen Sandbergweine einmal getrunken hat weiß, wovon ich spreche.

Für die Brandenburger und Berliner hat dieser Weinberg noch eine besondere Bedeutung. Mit ihm können wir erleben, was es hieß und heißt, unter märkischen Bedingungen Weinbau zu betreiben. Dieser Weinberg – wie auch der Schliebener – sind lebende Denkmale des ehemaligen brandenburgischen Weinbaus, auf denen Traditionsweine erzeugt werden. Das war der Grund, weshalb ich seit 1995 zu den Gründungsmitgliedern des *Vereines zur Förderung des historischen Weinbaus im Raum Werder (Havel)* gehöre, der nun dieses Buch herausgegeben hat.

Über Wein kann man natürlich noch so viel schreiben – der wahre Genuss offenbart sich erst beim Trinken. Möge dieses Büchlein über die Geschichte des brandenburgischen Weinbaus den bisherigen Freunden der Werderaner Weine als Bestätigung ihrer Vorliebe dienen und neue zum Verkosten animieren.

Dr. Herbert Knoblich
Präsident des Landtages Brandenburg

Werderaner Wachtelberg mit Blick zur Kirche

Berliner Teilnehmer an der 7. Brandenburger Landpartie auf dem Wachtelberg

AM POLARKREIS DES WEINBAUS

Der Werderaner Wachtelberg

Werder ist berühmt für seinen preisgekrönten Obstbau. Seit mehr als 120 Jahren strömen alljährlich Tausende von Menschen zum Baumblütenfest in das schmucke Städtchen, das – vom Klima verwöhnt – Kirschen, Äpfel und Aprikosen besonderer Qualität hervorbringt. Und wer kennt ihn nicht, den süßen, schweren, heimischen Obstwein. Werder – dieses Kleinod der Mark Brandenburg – ist aber noch früher bekannt geworden durch seine Weinberge und seinen Wein. Die Freunde des Rebensaftes schätzen heute nicht zu Unrecht den Wein vom *Werderaner Wachtelberg*. So heißt diese, in die Weinbergsrolle des Weinbaugebietes Saale-Unstrut unter der Nr. 11.1.5–017 eingetragene und von der Europäischen Kommission in Brüssel für den Anbau von Qualitätswein zugelassene Weinbergslage.

Nördlichste Lage der Welt

Vom Wachtelberg herab hat man einen herrlichen Blick auf die Altstadt Werders, die inmitten des Havelstroms liegt, und auf die vielen Hügel und Wälder ringsherum. Wer diesen Weinberg zum ersten Mal besteigt, staunt nicht nur über seine herrliche Lage, sondern auch über seine Größe von fast sechs Hektar, auf denen 19 000 Weinstöcke der Sorten *Müller-Thurgau, Saphira, Dornfelder* und *Regent* stehen.

Der Wachtelberg ist in vielerlei Hinsicht etwas ganz Besonderes. Er ist die nördlichst gelegene Weinbergslage der Welt, auf der Qualitätswein zu kommerziellen Zwecken erzeugt wird. Mit 52° 23' nördlicher Breite liegt er eigentlich schon jenseits der Polargrenze des Weinbaus, denn der 52. Breitengrad gilt als nördlichste Grenze des Weinbaus.

Edle Tropfen

Jenseits dieser Polargrenze wachsen nicht etwa saure Tropfen, sondern gute, trinkbare Weine. Schon früher war der Wein aus Werder wegen seiner Milde bekannt und beliebt und wurde deshalb von den hohenzollerschen Kurfürsten und ihren Hofärzten geschätzt. Auch heute wieder schätzen Weinkenner den edlen Tropfen: Sowohl bei den Blindverkostungen durch die Weinbruderschaft Saale-Unstrut als auch bei den Jungweinproben der beiden Anbaugebiete Sachsen und Sachsen/Anhalt hat der Werdersche Sandbergwein Anerkennung gefunden und bei Landesweinprämierungen Preise erhalten.

Das Besondere all dieser weißen Müller-Thurgau-Weine: Es sind leichte Weine mit angenehmer Milde und Frische und einem geringen Säuregehalt. Noch höher in der Gunst der Weinliebhaber stehen – genau wie vor einigen Jahrhunderten – die Werderschen Rotweine. Seit 1997 wurde wieder mit dem Aufreben von Rotwein begonnen. Winzer dieses Weinberges ist Dr. Manfred Lindicke, der ihn mit seiner Frau Bettina und der Familie bewirtschaftet.

Ein Naturdenkmal

Der Wachtelberg erfreut heute aber nicht nur zahlreiche Besucher und Weinliebhaber. Er ist ein lebendes Naturdenkmal des Werderschen Weinbaus und des einst recht bedeutenden brandenburgischen Weinbaugebietes. Der brandenburgische Wein ist so alt wie die Mark Brandenburg selbst – fast 850 Jahre. Nach Werder wurde der Weinstock durch Zisterzienser-Mönche gebracht. Der Weinbau ist nach der Fischerei das zweitälteste Gewerbe der Stadt. Die ersten Weinberge befanden sich auf der Insel am Mühlenberg (dort wo heute die Bockwindmühle steht) und am Gottesberg. Auch der Wachtelberg war bereits 1680 mit über 20 Hektar Reben bestockt. Das brandenburgische Weinbaugebiet ist aus verschiedenen Gründen in der ersten Hälfte des 20. Jahrhunderts untergegangen. Der Wachtelberg hält heute die Erinnerung für die Zukunft wach.

WERDERANER WACHTELBERG

1999

MÜLLER-THURGAU

HALBTROCKEN

BEGINN DER WEINKULTUR IN BRANDENBURG

Wer brachte die Rebe in die Mark?

Der Marienberg

Die Altstadt von Brandenburg mit ihrem Harlunger Berg – seit christlicher Zeit Marienberg – ist der Geburtsort des märkischen Weinbaus. Die älteste urkundliche Quelle, die den Weinbau hier belegt, stammt aus dem Jahre 1173. In jener Urkunde bestätigt der Bischof Siegfried – ein Sohn des ersten Markgrafen von Brandenburg – dem Domkapitel von Brandenburg alle seine Güter und Gerechtigkeiten. Unter diesem Besitz wird namentlich genannt: die Kirche der Heiligen Maria auf dem Harlunger Berg mit dem *»dritten Teil des Zehnten von benachbarten Weinbergen zum Unterhalt der Domherren«*.

Was war dieser *»Zehnt«*? Seit alters her hatte die Kirche ihren Anspruch auf den zehnten Teil vom Ertrag der Feldfrüchte erhoben. Die karolingische Gesetzgebung hatte diesen Anspruch im 8. Jahrhundert zum Zehntrecht erhoben. Seit dieser Zeit hatten alle weltlichen Bauern und Weinbergsbesitzer bzw. Pächter, z.T. auch die Klöster, den zehnten Teil der von ihnen erzeugten Produkte in Naturalien an die Kirche bzw. die Bischöfe zu liefern. Dabei war im Mittelalter der Weinzehnt neben dem Kornzehnt eine Haupteinnahme der Kirche. Der *»dritte Teil des Zehnten«* also drei Prozent des Gesamtertrages dieser Weinberge gingen an die Domherren. Es ist anzunehmen, dass diese Weinberge im Jahre 1173 schon sehr ertragreich waren und der Beginn des Weinbaus viele Jahre zurückliegen musste.

Wer hatte die Weinkultur auf diesen Marienberg gebracht?

Holländer oder Wenden

Georg Sabinus (1509–1560), ein Sohn der Stadt Brandenburg und seit 1538 Professor für Poesie und Beredsamkeit an der Landesuniversität Viadrina in Frankfurt (Oder), besang diesen Marienberg mit folgenden lateinischenVersen:

»Wo die bläuliche Havel in träger Windung dahinfließt
Ragt an den schwankenden Wassern ein stattlicher Hügel empor;
Seine von rankendem Weinlaub weithin bewachsenden Höhen
Bringen auf trockenem Sande gar liebliche Weine hervor,
Ebenso wie an den Wogen des schäumenden Rheines die Reben
Im Wangionischen Land auf den dortigen günstigen Lagen.«

(deutsche Fassung von H.-D. Krausch)

Von Sabinus stammt auch die Darstellung, *»dass von den Holländern, Seeländern und Flandern um Brandenburg Weinberge gepflanzt und die Weinstöcke größtenteils von ihnen mitgebracht wurden«.*

Gegen diese Darstellung wendet sich C. R. Hausen, Professor an der Universität Frankfurt (Oder), in seiner Schrift über den Märkischen Weinbau von 1798: *»Dass die Rheinländer den Weinbau in den Marken Brandenburg einführten, kann nicht glaubwürdig behauptet werden. Ebensowenig jene Sage, dass die Markgrafen selbst Weinberge angelegt hätten. Sehr wahrscheinlich haben schon vorher die Wenden den Weinbau betrieben. Sollten selbige bei ihrem außerordentlichen Triebe zum Gartenbau den Weinstock nicht gekannt und ganz vernachlässigt haben? – Selbst die wendische Göttin Siwa wird mit der Weintraube abgebildet. Die Industrie der Geistlichkeit hat ohnstreitig nachher den Weinbau vorzüglich gefördert.«*

Es gibt jedoch keinen Beweis, dass dieses Götterbild tatsächlich von den Wenden überliefert und mit jener wendischen Göttin identisch ist. Wahrscheinlich ist es erst in einer späteren nachwendischen Zeit entstanden durch Bothos Sachsenchronik von 1492. Das Wappen des Ortes Kloster Zinna ist erst im 18. Jahrhundert in Anlehnung an diese Chronik gestaltet worden. Das Götterbild kann also nicht als Indiz für einen Weinbau der Wenden gewertet werden.

Ortswappen von Kloster Zinna mit der wendischen Göttin Siwa

Die Kirche war's !

Alle historischen Untersuchungen liefern vielmehr den Nachweis, dass Rebe und Weinkultur aus dem Westen nach Brandenburg eingeführt worden sind. Diese Einführung ist Bestandteil einer West-Ost-Ausbreitung der Rebkultur während des Mittelalters im Zusammenhang mit der Ostausdehnung der fränkischen bzw. deutschen Herrschaft und der Christianisierung Europas. Dabei waren für die gesamte Zeit des Mittelalters die römisch-katholische Kirche und ihre Klöster die entscheidenden Förderer der Weinkultur. Es ist das Verdienst dieser Kirche, dass nach dem Untergang der römischen Herrschaft nördlich der Alpen und dem Einsetzen der Völkerwanderung die Weinkultur der Römer an Rhein und Mosel nicht unterging, sondern erhalten blieb. Die Kirche förderte die Weinkultur, weil sie für die Ausbreitung des Christentums den Wein für das Heilige

Abendmahl benötigte. Das Kirchenkonzil von Macon 585 erhob die Einheit von Brot und Wein beim Abendmahl zum verpflichtenden Gesetz. Darüber hinaus war diese Kirche am besten mit der römischen Weinkultur vertraut. Die Bischöfe kannten den Wert des Weines und liebten ihn wie die Römer. Die gleiche Rolle spielten die Klöster nach Bildung des Benediktiner-Ordens durch Benedict von Nursia im Jahre 529. Danach entstanden viele Klöster, zu deren Aufgaben es auch gehörte, das überlieferte weinkulturelle Erbe zu bewahren. So wurden zahlreiche Klöster zu den wichtigsten Weinbaubetrieben des Mittelalters.

Die Mark entsteht

Die Einführung der Weinkultur in Brandenburg ist Bestandteil der deutschen Ostexpansion, die durch König Lothar III. um 1125 vorangetrieben wurde. Durch kluge Missionsarbeit im Slawenreich sollten die Voraussetzungen für die Eroberung der deutschen Herrschaft geschaffen werden. Hierbei stützte er sich sowohl auf den Erzbischof von Magdeburg, Norbert von Xanten, als auch auf solche Angehörige des Hochadels wie Albrecht der Bär aus dem Geschlecht der Askanier. Im Ergebnis dieser Ostpolitik errichtet Albrecht der Bär um 1150/57 seine Herrschaft in der Brandenburg und dem Havelgau. Er und seine Söhne gründen schrittweise die Mark Brandenburg.

Um diese Zeit waren einige günstige Voraussetzungen entstanden, um die Weinkultur auf verschiedenen Wegen und durch unterschiedliche Kräfte in die Mark zu bringen. Zum einen standen inzwischen einige slawische Stammesfürsten dem Christentum aufgeschlossen gegenüber und suchten die Zusammenarbeit mit deutschen Fürsten. 1127 konnte der Bischof von Bamberg unbehelligt eine Reise nach Pommern durch slawisches Gebiet unternehmen. Das war damals eine Sensation. In einem Weinfass hatte er Weinreben transportiert, damit die pommerschen Christen keinen Mangel an Messwein leiden sollten. Albrecht dem Bären gelingt es, den in der Brandenburg herrschenden Heveler Fürsten Pribislaw und seine Frau für das Christentum zu gewinnen. 1129 setzt dieser Wendenfürst den Askanier als seinen Erben ein. Nach dem Tod Pribislaw 1150 tritt Albrecht der Bär dessen Erbe an, das jedoch 1157 mit Waffengewalt durchgesetzt werden muss.

Zwei Orden in Frankreich

Zum anderen waren zu jener Zeit in Frankreich zwei neue große Orden entstanden, die für die Kolonisation, Christianisierung und Besiedelung der slawischen Gebiete zwischen Elbe und Oder und für die Einführung der Weinkultur ein großes Potential darstellten: der Zisterzienster-Orden, 1098 in Citeaux (Burgund) entstanden, und der Prämonstratenser-Orden, 1120 durch Norbert von Xanten in Prémontre (Champagne) gegründet. Beide gehörten bald zu den größten weinbaubetreibenden Orden, deren Methoden für andere Weinproduzenten vorbildlich wurden – auch außerhalb Frankreichs.

Im Rahmen der schrittweisen Missionsarbeit spielte der Prämonstratenser-Orden in der Politik des Königs Lothar III. und Albrecht des Bären zunächst die entscheidendere Rolle. 1126 hatte der König den Gründer des Ordens, Norbert von Xanten, auf den Stuhl des Erzbischofs von Magdeburg gesetzt. Durch ihn wird das Magdeburger Kloster *Unser lieben Frauen* in ein Prämonstratenserkloster umgewandelt. 1133 wird in Leitzkau das erste Missionskloster östlich der Elbe gebildet. Hauptanliegen des Klosters war es, bei der Brandenburg eine christliche Gemeinde zu gründen. Bereits 1137 war am Fuße des Harlunger Berges die St. Gotthardskirche fertiggestellt worden. Noch auf Bitten des Wendenfürsten Pribislaw/Heinrich hin wurde 1140 von Kloster Leitzkau aus der erste Ordenskonvent von neun Prämonstratensern nach Brandenburg geschickt, die sich am Harlunger Berg in der Nähe der Gotthardskirche ansiedelten. Es spricht vieles dafür, dass von ihnen auch ein Weinberg am Harlunger Berg (Marienberg) zur Messweinerzeugung angelegt worden ist.

Die ersten Siedler

Der dritte begünstigende Faktor für die Einführung der Weinkultur bestand darin, dass im 12. Jahrhundert durch technische und strukturelle Veränderungen in der Landwirtschaft und einem generellen Bevölkerungszuwachs in Mitteleuropa ein Potential entstanden war, das zur Besiedelung der dünn besiedelten slawischen Gebiete bereit war. Hieraus schöpften die Zisterzienser ihren Zuwachs und aus ihm holten sich auch Albrecht der Bär und die Bischöfe die dringend benötigten Siedler. Es wird angenommen, dass Albrecht der Bär mit Unterstützung des Bischofs von Havelberg, Anselm (ein Prämonstratenser), bereits um 1145 die Besiedelung der künftigen Mark organisieren ließ und die ersten Siedler am Harlunger Berg um 1150 eintrafen. Später sind dann in der Nähe des Berges neue Dörfer durch Siedler gegründet worden. So das Dorf Harlungathe, das von Kolonisten bewohnt wurde, die sich mit Weinbau befassten. Das waren nach Darstellung von Sabinus Niederländer/Flamen.

Neben den niederrheinisch-flämischen und fränkischen Siedlern, den Prämonstratensern und anderen Ordensgemeinschaften haben die Zisterzienser einen Hauptanteil an der Ausbreitung der Weinkultur in Brandenburg. Hier liegt auch die Wurzel des Werderschen Weinbaus.

Verbesserte Anbauweisen

Nachdem das Mutterkloster Citeaux in Burgund nach 1109 mit der Charta Caritatis ihre Ordensverfassung angenommen hatte, breitete sich der Orden rasch aus, und es erblühte auch die Weinkultur der Zisterzienser. Dabei haben die Zisterzienser nicht einfach in herkömmlicher Weise Weinbau weiterbetrieben, sondern sich um verbesserte Anbauweisen bemüht. Das beste Beispiel ist das Mutterkloster Citeaux selbst. Es betrieb an der *Côte d'Or*, dem *Goldenen Hang* von Burgund, eine bedeutende Weinwirtschaft und brachte im 12. und 13. Jahrhunderts den burgundischen Weinbau zur Blüte. Der Clos de Vougeot ist nur einer ihrer berühmten Weinberge.

Spezialisten des Weinbaus

Zu ihren Leistungen gehörte, dass sie den europäischen Winzern erstmals vermittelten, welche Bedeutung die geologischen Besonderheiten einer Weinbergslage, der Boden und die anderen Standortbedingungen des Rebstockes für das Entstehen eines großen Weines besitzen. In dem sie diese Unterschiede der einzelnen Lagen genau studierten, beurteilten und klassifizierten und die Trauben von den besten Lagen getrennt kelterten, erzeugten sie Spitzenweine. Gleichzeitig erforschten sie, auf welchen Böden und Lagen welche Rebsorte den besten Wein ergab. Die Klosterweine vieler Zisterzienserklöster gehörten deshalb zu den besten Rebensäften.

Dass die Zisterzienser solche Verdienste erwarben, lag vor allem daran, dass sie entsprechend des alten benediktinischen Leitsatzes »*Ora et Labora*« (bete und arbeite) wieder Eigenwirtschaft betrieben, viele ihrer Weinberge selbst anlegten und bearbeiteten. Dadurch wussten sie besser als jeder andere, wo sich die besten Lagen befanden und was zur Verbesserung der Qualität des Weines nötig war.

Für die aufwändige Eigenwirtschaft beschäftigten die Zisterzienser Konversen; Laienbrüder oder Halbmönche, die zwar durch die gleichen Gelübde wie Armut, Gehorsam und Keuschheit an die Klostergemeinschaft gebunden, nicht aber zu einem solch regeltreuen, weltabgewandten geistlichen Leben verpflichtet waren. Sie waren für die Wirtschaft- und Handelstätigkeit zuständig. Unter ihnen gab es hervorragende Spezialisten. Die Blüte des Ordens hing weitgehend von diesen Konversen ab.

Buchmalereien des Klosters Citeaux von 1111 mit Darstellungen von der Weinlese.

*Ab 1116 entsteht
im Clos de Vougeot
das Weingut mit Kelterhaus
in Form eines Kreuzganges,
mit Weinkellern über der Erde
und Schlafraum für
die Konversen.
Das Foto zeigt eine der
vier Baumkeltern
aus dem 12. Jahrhundert.*

*Ruinenreste von Morimond,
von dem sich der Orden nach
Brandenburg ausbreitete.*

Ein Drittel des Landes

Nach Brandenburg gelangten die Zisterzienser erst, als die Besiedelung bereits vorangeschritten war. Im Verlauf des 13. Jahrhunderts wurden die Zisterzienser mit sechs Mönchs- und zehn Nonnenklöstern der weitverbreitetste Orden in Brandenburg. Er soll zeitweilig in einem Drittel des Territoriums des Landes Brandenburg die Grundherrschaft ausgeübt haben.

Fast alle diese Klöster haben die Weinkultur gepflegt. Die Mönchsklöster besaßen teils bis zu acht und die Nonnenklöster bis zu zwei Weinberge. Natürlich konnten sie in der Mark nicht solche Leistungen wie in Burgund oder wie die Klöster Eberbach, Ebrach oder Pforte vollbringen. Hier fehlten ihnen solche Berge und Böden, auf denen Spitzenweine wachsen konnten und hier setzte ihnen auch das Klima Grenzen. Dennoch haben sie nicht nur die Blaue Burgunderrebe von Burgund nach Brandenburg gebracht, sondern auch Wissen und Erfahrungen im Weinbau. Der Wein der hiesigen Klöster war so gut, dass er nicht nur von den Mönchen geliebt wurde.

Ausbreitung des Zisterzienser-Ordens nach Brandenburg

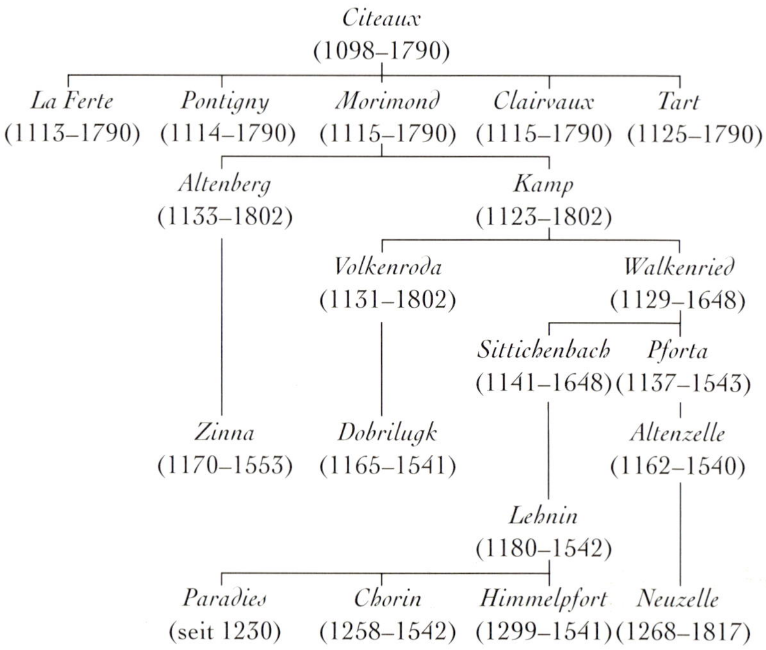

DAS KLOSTER LEHNIN

Weinbau unter den Askaniern

Von allen brandenburgischen Zisterzen war Kloster Lehnin zweifellos die bedeutendste und einflussreichste. 1180 wird sie von Markgraf Otto I. gegründet.

Die Gründung

Im Jahre 1183 bezogen zwölf Mönche und zwölf Konversen vom Kloster Sittichenbach das vom Markgrafen zugeteilte Areal. Sümpfe, Gewässer und wenige Dörfer umgaben damals Lehnin. Fruchtbare Landschaft und einen Weinberg konnte das Kloster nur durch Rodung und Trockenlegung gewinnen. So entstand allmählich eines der bedeutendsten Klöster des gesamten Ordens. Als Hauskloster und Grablegungsstätte der brandenburgischen Markgrafen gegründet, entwickelte es sich zwischen 1183 und 1319 zu einer wichtigen Stütze der politischen Macht der Askanier. Im Verlaufe seiner Geschichte gehörten neben dem Städtchen Werder 70 Volldörfer zum Besitz des Klosters. In all diesen Orten besaß das Kloster das Kirchenpatronat und das Recht auf die Zehnterhebung. Auf den verschiedensten Gebieten betrieb es Eigenwirtschaft und hatte sich hierfür eine Vielzahl Grangien (Klosterhöfe) geschaffen. Dank seiner Stärke konnte es unter den Askaniern drei Töchterklöster gründen: 1230 Kloster Paradies in Polen, 1258 Kloster Mariensee/Chorin und 1299 Kloster Himmelpfort bei Lychen.

Kloster Lehnin: Blick in den Klausurbereich

Südhang des Deetzer
Mühlenberges
vom Königsberg aus

Wein als Zahlungsmittel

Es ist aus Urkunden belegt, dass die Weinerträge des Klosters Lehnin nach 1200 recht bedeutend gewesen sein müssen. Der selbst gekelterte Klosterwein deckte nicht den Eigenbedarf, vielmehr waren Überschüsse vorhanden, die als Äquivalent zum Erwerb zweier neuer Dörfer eingesetzt werden konnten: Im Jahre 1204 überließ der Burggraf Siegfried von Brandenburg dem Kloster das Dorf Welsenwode. Er verlangte dafür vom Kloster eine lebenslängliche jährliche Lieferung von einem Fuder Wein. Das waren 824,4 Liter. Welsenwode ist nach 1217 wüst geworden.

Im Jahre 1219 überließen der Ritter Ludolf und seine Gattin Bia dem Kloster das Dorf Stangenhagen im Teltow. Als Bedingung stellten sie die jährliche Lieferung eines halben Fuders weißen Weines (412,2 Liter), wenn im Klosterweinberg mehr als zwei Fuder gewonnen würden. War die Ernte geringer, so sollte die Leistung mit 25 *solidi Magdeburgenses* (Magdeburger Goldmünzen) abgelöst werden.

Diese zwei Urkunden beweisen, dass die Weinberge nicht nur mit den für den Messwein notwendigen Rotwein-Rebsorten bestockt waren, sondern bereits weiße Rebsorten angebaut wurden. Beide Weinarten sind getrennt gekeltert worden.

Der Wein hatte auch Liebhaber außerhalb des Klosters gefunden. Dabei war der Eigenbedarf des Klosters recht hoch. Wo aber lagen die Weinberge, die den hohen Weinbedarf des Klosters decken mussten?

Schenkungen des Markgrafen

Es war bei allen Klostern üblich, dass die Landesherren und andere Adlige den Klöstern Weinberge schenkten und dies mit der Bitte verbanden, für das Seelenheil der Stifter zu beten. Das war auch bei Kloster Lehnin so. 1193 schenkt Markgraf Otto II. dem Kloster zwei Dörfer, in denen dem Kloster freies Eigentum mit jeweils einem Weinberg übereignet worden war. Der eine Ort hieß Eken. Der Ort ist später wüst geworden. Wie lange das Kloster hier Weinbau betrieben hat, ist nicht bekannt.

Der zweite Ort war Deetz an der Havel. Der Weinberg war hier offensichtlich bereits vor 1193 von deutschen Siedlern angelegt worden. Über den Weinbau zur Klosterzeit gibt es auch hier keine Informationen. Bei der von König Friedrich II. angewiesenen Weinbauerhebung von 1780/81 standen hier noch 0,5 Morgen im Ertrag. Der Chronist Werders, F. L. Schönemann, schreibt im Jahre 1800 in seiner Arbeit über das Kloster Lehnin, dass das Kloster hier mehrere Jahrhunderte Weinbau betrieben hat und der Weinberg damals im Besitz des Windmüllers war. Nach 1800 ist der Weinbau eingestellt worden. Der Standort des Weinberges war offensichtlich der Südhang des Mühlenberges. Alteingesessene Bürger von Deetz können sich sogar daran erinnern, dass hier noch 1945 verwilderte Weinreben wuchsen.

Weinberg neben dem Kloster

Es war bei allen weinbautreibenden Zisterzen Brandenburgs üblich, dass sie bei ihren Klosterhöfen oder in unmittelbarer Nähe des Klosters Weinberge selbst anlegten. Für das große Kloster Lehnin gibt es hierfür zwar keinen urkundlichen Beleg aus der Klosterzeit, trotzdem gehen Historiker davon aus, dass das Kloster direkt neben der Klosteranlage am Kaltenhausener Berg einen Weinberg besaß. Aus alten Karten aus dem Geheimen Staatsarchiv von 1728 über das Vorwerk Kaltenhausen geht die genaue Lage und Größe dieses Weinberges hervor. Danach lag er an einem Südosthang nordwestlich des Amts-Vorwerkes. Er hatte eine Größe von acht Morgen. Unterhalb des Weinberges befand sich das Weinmeisterhaus. Das Kloster besaß hier bei Kaltenhausen eine Windmühle, betrieb Rinder- und Schweinehaltung und unterhielt eine große Schäferei. Eine solche Schäferei war eine wichtige Voraussetzung für den Weinbau; denn sie musste den nötigen Mist in den Weinberg liefern. Obwohl es keinen urkundlichen Beleg dafür gibt, kann man mit Sicherheit davon ausgehen, dass dieser Weinberg sehr früh vom Kloster angelegt und bis zur Auflösung 1542 auch bewirtschaftet wurde.

Genauere Nachrichten über diesen Weinberg erfahren wir erst aus dem Ersten Erbregister des Amtes von 1662, also nach dem 30jährigen Krieg. Aus ihm geht hervor, dass am Vorwerk bereits *»seit alters«* ein Weinberg vorhanden war, über dessen frühere Ertragsfähigkeit man im Amte keine Nachrichten hatte. In den letzten 20 Jahren hatte er im Durchschnitt jährlich 17 Tonnen vier Stübchen Wein getragen. Das waren circa 20 Hektoliter. Die nächsten Nachrichten stammen aus dem Jahre 1695. Aus einem Inventarium des Kurfürstlichen Amtes Lehnin geht hervor, dass sich die technischen Anlagen des Weinberges in einem traurigen Zustand befanden. Das Gehege war sehr schadhaft. Vom Weinmeisterhaus, in dem die Presse stand, drohte das Dach einzufallen, der Regen verdarb die Presse. Auch das Wohnhaus des Weinmeisters war so alt und mürbe, dass es kurz vor dem Zusammenbruch stand. Wie lange man hier Wein gekeltert hat, ist nicht bekannt. 1728 stand der Weinberg noch im Ertrag. Der Weinbau ist wahrscheinlich 1740 nach dem harten Frostwinter eingestellt worden. Heute erinnert im Ortsteil Kaltenhausen nur noch der *Weinbergweg* an diesen ehemaligen Weinberg.

*Der Weinberg
am Vorwerk Kaltenhausen
auf der Karte
von Wortmann 1728*

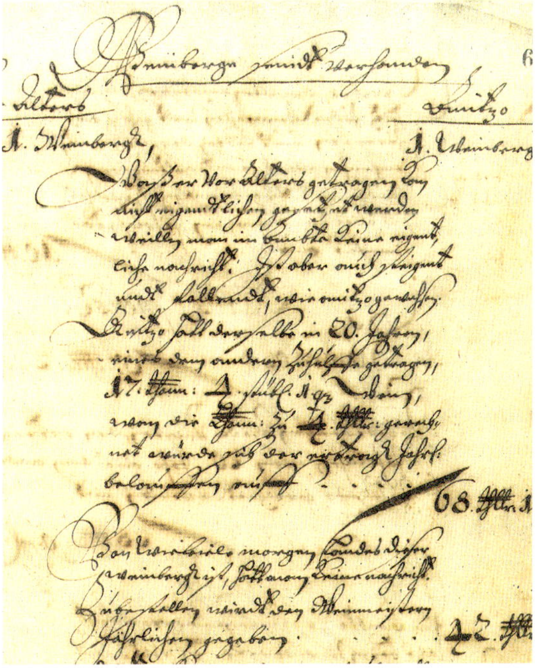

*Zustandsbeschreibung
des Weinberges
im Ersten Erbregister
des Amtes Lehnin
von 1662*

Messwein für das Abendmahl

Der Hauptgrund, warum von den Ordensbrüdern Wein angebaut wurde, lag in erster Linie in der Messweinversorgung für das tägliche Heilige Abendmahl. Deshalb bemühten sich die Zisterzienser nach ihrem Eintreffen im Klostergebiet sehr schnell darum, einen eigenen Weinberg anzulegen. Mit der rasch wachsenden Zahl der Mönche und Konversen in dieser ersten Blütezeit wuchs auch der Messweinbedarf.

Außerdem wurde der Messwein für die vielen Kirchen benötigt, über die das Kloster das Patronat besaß. Lehnin war von mindestens 40 Kirchen seiner Dörfer der Patronatsherr. Zu dieser Zeit (bis spätestens 1415 zum Konzil von Konstanz) war noch der Laienkelch üblich, das heißt der Wein wurde nicht nur vom zelebrierenden Priester getrunken, sondern auch allen Laienchristen gereicht. Da der Wein in manchen Gebieten Brandenburgs nicht alle Jahre voll ausreifte, wird der Messwein auch manchmal zu sauer gewesen sein. Das war sicherlich der Grund, weshalb die Brandenburgische Synode in der Kirchenordnung vom 7. Mai 1380 von ihren Klerikern verlangte, dafür zu sorgen, dass der Abendmahlwein nicht zu sehr nach Essig schmecken solle.

Trinkwein für die Mönche

Wein wurde auch als Trinkwein für Mönche und Konversen benötigt. Dabei muss gesagt werden, dass Wein damals ein notwendiges Lebensmittel war und weniger Genussmittel. Neben Wasser und einem nicht haltbaren Bier war Wein das einzige haltbare Trinkmittel. Hier herrschten jedoch anfangs strenge Sitten. Der Zisterzienser-Orden war mit der Absicht gegründet worden, strenger nach den Regeln des Hl. Benedikt zu leben. Das betraf auch den Weingenuss. In seiner *Regula Benedikti* hatte er den Wein als allgemeingebräuchliches Getränk seiner Mönche gestattet. Als tägliches Maß billigte er ihnen eine *Hemina* zu (römisches Maß = 0,27 Liter). In der 40. Regel heißt es: »*Zwar sollen die Mönche an und für sich keinen Wein trinken; aber da man zu unserer Zeit die Mönche davon nicht überzeugen kann, soll es ihnen zugebilligt werden, aber nicht bis zur Sättigung, sondern weniger.*« Darüber hinaus hatte Benedikt Ausnahmen gestattet: »*Wer die Kraft hat, auf Wein zu verzichten, wird besondere Verdienste erwerben. Wo infolge örtlicher Verhältnisse, Arbeit oder Sommerhitze mehr gebraucht wird, darf der Abt dies gewähren; das darf aber nicht bis zur Sättigung oder Trunkenheit führen.*«

Auch den Zisterziensern war der mäßige Weingenuss gestattet. Sie sollten ihre Hemina Wein nur mit Wasser verdünnt trinken. In einer Regel heißt es: »*Die Köche füllen nach der Non* [eine Trinkzeit der Mönche in der neunten Tagesstunde zwischen 14 und 15 Uhr] *erst Wasser in die Becher*«. Solange man im Kloster Lehnin danach lebte, war der Trinkweinbedarf für Mönche und Konversen nicht sehr hoch.

Zechwein für die Gäste

Ein zunehmender Bedarf an Trinkwein erwuchs dem Kloster aus der Gästebetreuung. Im Mittelalter wurden die Klöster immer mehr von Pilgern und Reisenden aufgesucht. Die Klöster waren zu jener Zeit fast die einzigen Herbergen. Da es die Ordensregel den Zisterziensern zur Pflicht machte, Gastfreundschaft zu üben, mussten diese Gäste beköstigt werden. Dazu gehörte auch der Wein. Seit 1257 war es den Zisterziensern gestattet, den Klosterwein für die Gästebetreuung innerhalb des Klosters zu nutzen. Vom Kloster Lehnin ist bekannt, dass mit zunehmender Reisetätigkeit und wachsender Berühmtheit des Klosters eine Gastzelle nicht mehr ausreichte und man ein besonderes *Fremdenhaus (Hospitium)* einrichten musste. In seiner Arbeit über Lehnin schreibt G. Sello 1881: *»Verhältnismäßig häufig lesen wir von Besuchen weltlicher und geistlicher Fürsten, adliger Herren und bürgerlicher Beamter. Insbesondere benutzten die Landesherren und ihre höheren Würdenträger die Klöster gern als Standquartier bei ihren Jagden, und die oft wochenlange Anwesenheit des durstigen, lustigen, übermütigen, anspruchsvollen, mit Spott auf die Kuttenträger blickenden Jägervolkes störte in empfindlicher Weise die fromme Betrachtung, die Stille, festgeregelte Tagesarbeit und schädigte nebenbei das Klostersäckel.«* Der Bedarf an Gästewein war zugleich mit höheren Anforderungen an die Qualität des Weines verbunden. Vom Kloster Lehnin wissen wir, dass es 1460 als Lehnware auch ein Ohm (137,4 Liter) *»blanches Weins des besten Brandenborchschen«*, der damals am Marienberg in der Altstadt Brandenburgs wuchs, eingelagert hatte.

Medizin für die Kranken

Neben der Gästebetreuung brauchte das Kloster Wein als Medizin für die Kranken. Hierfür stellten sie die verschiedensten Kräuter- und Würzweine her. Für Kräuterweine wurde Honig in den Most gegeben und Garten- als auch Wildkräuter, vor allem Wermut, Salbei, Thymian, Fenchel, Minze, Alant (Helenenkraut) usw. hinzugefügt. Dieser Most wurde dann erwärmt und vergoren. Den weißen nannte man *claretum*. Solche Kräuterweine standen in Brandenburg zur Klosterzeit hoch im Kurs.

Das im 13. Jahrhundert erbaute Hospitium (Fremdenhaus).

Von den Askaniern zu den Wittelsbachern und Luxemburgern

Klosterstadt Werder

Im Jahre 1317, am Ende der Askanierherrschaft, gelingt es dem Kloster das Städtchen Werder in der Havel zu erwerben. In einer Urkunde vom 26. August 1317 bestätigt Markgraf Waldemar den Erwerb Werders durch das Kloster, in dessen Besitz es die nächsten 225 Jahre bleiben sollte. Das kleine Städtchen (*Opidum*) gehörte seinerzeit einem Ritter Sloteke. Sloteke war Truchseß beim Markgrafen Waldemar – also jener Hofbeamte, der für Küche und Tafel des Markgrafen verantwortlich war. Auf Bitten des Abtes von Lehnin soll der Markgraf seinen Ritter Sloteke überredet haben, dieses Städtchen Werder mit allem Zubehör für eine geringe Summe Geldes von 244 Brandenburgischem Silber dem Kloster zu überlassen. In den folgenden Jahren erwarb das Kloster das auf der Ostseite der Havel liegende Gallin, errichtete hier ein Vorwerk und gliederte das Gebiet an das Städtchen Werder an. Ferner erwarb es 1318 den gesamten Töplitzer Werder und 1364 den Ort Phöben an der Havel. Damit war es dem Kloster gelungen, die gesamte Havel mit den dazugehörigen Fischereirechten von Potsdam bis Götz in seinen Kernbesitz einzugliedern.

Noch keine Weinberge

In Werder gab es zu dieser Zeit noch keine Weinberge; denn sie wären in der Verkaufsurkunde erwähnt worden. Außerdem hatte sich bis dahin das wirtschaftliche Leben nur auf der Insel entwickelt. Das Wasser der Havel ersetzte die Stadtmauer. Es gab nur eine Brücke von der Insel zum östlichen Festland, das heißt zum Gallin mit dem Vorwerk und den Viehweiden. Der linke Havelarm zwischen der Insel und dem westlichen Festland – die Föhse – war viel breiter als heute, und eine Brücke gab es bis 1670 nicht. Dieses westliche Festland mit den zwei großen Sandbergen, den späteren Weinbergen, ist erst später in die Bewirtschaftung einbezogen worden. Dabei haben die Zisterzienser beim Erwerb Werders sicherlich erkannt, dass die zwei großen und kargen Sandberge auf dem westlichen Festland für Getreideanbau nicht zu nutzen, dafür aber für Wein- und Obstbau um so besser geeignet waren. Jedoch bot sich hierfür zunächst keine Möglichkeit, weil sich die politischen Verhältnisse im Lande grundlegend änderten.

Kämpfe und Raubzüge

Nach dem Aussterben der Askanier im Jahre 1319 folgte in der Mark Brandenburg eine Periode von fast 100 Jahren wechselnder Landesherrschaften. Unter den Regierungen der Wittelsbacher und der Luxemburger geriet die Mark mehr und mehr in Verfall. Im Inneren herrschten Anarchie und Raubrittertum. Auch der Weinbau der Mark verfiel. Als Kaiser Karl IV. 1373 die Mark für fünf Jahre übernahm, ließ er ein Landbuch anfertigen. Es erwähnt nur in wenigen Orten Weinberge. Darunter befand sich Kloster Chorin mit fünf Weinbergen. Chorin hatte sich durch Zahlung von

Mit Silber und Wein erwarben 1317 die Mönche Lehnins von Ritter Sloteke im Beisein des Markgrafen Woldemar das Städtchen Werder. (Spielszene am 5. Juli 1997 auf dem Mühlenberg zur 680-Jahr-Feier Werders)

Der Wehrturm des Klosters – Zeuge harter Kämpfe.

Schutzgeldern an die Raubritter freigekauft. Diese Wirren führten auch das Kloster Lehnin jahrzehntelang in eine schwere Krise. Auch teilweise durch eigenes Verschulden befand sich das Kloster fast ununterbrochen in harten Auseinandersetzungen mit einigen Adligen. Bewaffnete Überfälle von Raubrittern auf das Kloster und die Klosterdörfer waren an der Tagesordnung. In diesen Kämpfen hat sich das Kloster sogar bewaffnet, Söldner angeworben und selbst Raubzüge unternommen. Reste der hohen Klostermauern und ein erhaltener Wehrturm sind Zeugen der Kämpfe. In diesen Auseinandersetzungen erlitt das Kloster großen wirtschaftlichen und bitteren moralischen Schaden. Um die Kosten zu decken, wurde wertvoller Besitz verkauft und verpfändet. Der Gesamtschaden des Klosters soll 60 000 Goldgulden betragen haben.

Weinbau auf der Insel

Der Weinbau in Werder begann zu jener schwierigen Zeit zunächst auf der Insel. Die wichtigste Quelle hierfür sind handschriftliche Nachrichten, die sich in der alten *Werderschen Registratur* befanden und von der heute nur noch Auszüge überliefert sind. Die Veröffentlichungen dieser Weinregistratur beginnen mit dem Jahre 1399.

Es ist also anzunehmen, dass die Weinberge des Städtchens Werder hier in der Zeit der Luxemburger Herrschaft nach 1378 angelegt wurden – als die Quitzowschen Banden das Klostergebiet unsicher machten und der Abt des Klosters die Insel für einen relativ sicheren Ort hielt.

Für die Klosterzeit enthält die Werdersche Registratur folgende Angaben:

1399 *War ein harter Winter, in welchem viele Weinstöcke erfroren.*
1407 *Es tat der Winter noch größeren Schaden.*
1420 *Blühte der Weinstock schon am 4. April; es war ein gutes Weinjahr.*
1468 *Ist wegen des kalten und nassen Frühjahres der Wein schlecht geraten.*
1472 *Blieb der Regen den Sommer über aus, der Wein verdorrte am Stock.*
1513 *War totaler Frostschaden*
1516 *War ein gutes Weinjahr, nur konnte nicht viel gewonnen werden, weil es noch an Weinstöcken fehlte.*
1517 *War ein gesegnetes Weinjahr. Das Faß* [206 Liter] *galt 30 Groschen, ein Quart* [1,14 Liter] *2 Pfennige.*
1518 *Ist in den Weinbergen Misswachs gewesen.*
1520 *Desgleichen*
1536 *Ist wegen der großen Hitze der Weinstock verdorrt.*
1540 *War das beste Weinjahr seit Menschengedenken sowohl in Ansehung der Güte, als auch in der Menge. Das Quart galt 3 bis 4 Pfennige.*

Die Kirchenweinberge

Wie aus diversen Quellen hervorgeht, waren die ersten werderschen Weinberge in Besitz der Kirche zu Werder, die vor 1250 auf dem höchsten Berg der Insel – dem Gottesberg – erbaut worden war und ab 1317 dem Kloster unterstand. Das geht aus dem Protokoll der Ersten Kirchenvisitation von 1540 hervor, die Kurfürst Joachim II. angeordnet hatte. Hier heißt es: *»Die Kirche hat I Weinberg»* An anderer Stelle heißt es dann *»Item hatt ein weinbergk gehabt, den haben sie mit Vorwissen des ampts vor 250 Taler verkauft und Christoff von Rochow auf Zins getan.«* Wie aus späteren Quellen hervorgeht, bedeutete das, dass die Kirche ehedem zwei Weinberge besaß. Den einen hatte sie 1540 noch im Besitz, den anderen jedoch schon verkauft.

Wir können mit Sicherheit davon ausgehen, dass diese Weinberge durch das Kloster oder zumindest mit dessen Unterstützung angelegt und durch Konversen auch gepflegt worden sind. Aufgrund ihrer günstigen Hangneigung zur Sonne und der Wassernähe besaßen beide Weinberge ausgezeichnete klimatische Bedingungen und gehörten bis ins 19. Jahrhundert zu den besten Weinbergen Werders.

Am Mühlenberg

Der eine Weinberg, den die Kirche bereits vor 1540 an die Adelsfamilie von Rochow verkauft hatte, befand sich auf jenem Berg, auf dem seit 1500 eine Windmühle stand und der seither Mühlenberg heißt. Auf diesem Weinberg stand das Presshaus mit der Weinpresse, und unter dem Weinberg befanden sich zwei große gewölbte Keller. Dieser Weinberg hatte eine Größe von drei Morgen. Beim Verkauf des Weinberges ließ die Kirche das Kaufgeld auf dem Weinberg stehen und von Rochow verpflichtete sich, der Kirche einen jährlichen Zins in Geld oder Wein zu zahlen. Die von Rochows gehörten zu den Adligen, die unter Albrecht dem Bären den Havelgau mit erobert und besiedelt hatten und in der Zauche einen großen Grundbesitz mit zahlreichen Dörfern besaßen.

Während sie nach dem Untergang der Askanier zu den ärgsten Feinden des Klosters gehörten, normalisierten sich nach 1416 ihre Beziehungen zum Kloster. Es ist also nicht abwegig, dass einer der beiden Kirchweinberge an die von Rochows verkauft worden ist. Die von Rochows besaßen in mehreren Orten Weinberge, zum Beispiel nahe ihres Hauptortes Golzow, aber auch in Plessow und Kemnitz bei Werder.

Aus späteren Urkunden wissen wir, dass Christoff von Rochow zu jener Zeit in Werder ein Rittergut besaß, das der Kurfürst Georg 1573 von allen Abgaben befreite und in ein Freigut umwandelte, wozu eben auch der Weinberg am Mühlenberg, die zwei großen Keller und das Presshaus gehörten.

Am Gottesberg

Der andere Weinberg, den die Kirche 1540 behalten hatte, befand sich auf dem Kirchberg bzw. Gottesberg neben der Kirche. Er hatte eine Größe von vier Morgen und lag an einem Südosthang in sehr guter Lage. Er ist nach Aussagen des Chronisten Schönemann im Jahre 1598 für 250 Taler an das Werdersche Freigut, das damals bereits nicht mehr den von Rochow, sondern den von Oppen gehörte, verkauft worden. Auch von Oppen musste sich verpflichten, der Kirche als ewigen Grundzins jährlich eine Tonne (114,5 Liter) Wein zum Abendmahl zu liefern.

Ausgrabungen

Die Annahme, dass diese beiden Weinberge auf der Insel mit Hilfe des Klosters angelegt und betrieben worden waren, wurde erstmals im Jahre 1850 nach Ausgrabungen auf dem Mühlenberg publik gemacht. Wie der Werderaner Lehrer Oeser 1876 berichtete, wurden bei Senkarbeiten im Weinberg größere Kellerräume entdeckt. Es wurde damals angenommen, dass diese Keller einst durch das Lehniner Kloster angelegt worden waren und man hier den edlen Werderschen Nektar lagerte. Das Format der Steine sei denen in der Klosterruine von Lehnin völlig gleich gewesen. Leider sind diese Ausgrabungen damals nicht unter denkmalpflegerischen Gesichtspunkten dokumentiert worden.

Wie aus Urkunden über den Besitzwechsel des Freigutes hervorgeht, waren 1701 die Keller und das Presshaus schon recht verfallen. Im Jahre 1753 ist das Presshaus *»verschwunden«*. Der Keller und der Fleck, auf dem das Presshaus gestanden hatte, wurden für nur 20 Taler an den Windmüller Karl Friedrich Neumann verkauft. Danach ist der Keller wahrscheinlich verfallen, so dass seine Existenz erst 100 Jahre später wieder neu entdeckt wurde.

Alter Weinberg am Klosterhof Töplitz

Neben der Inselstadt Werder bot der Töplitzer Werder eine weitere Möglichkeit, um in den wirren Jahren nach 1320 in relativer Sicherheit Weinbau zu betreiben. Das Kloster hatte diesen Werder 1318 von der adligen Familie von Gröben erworben. Die Insellage dieses Werders war damals jedoch noch nicht so eindeutig wie heute, da im Norden der Schifffahrtskanal noch nicht existierte. Die Grenzscheide im Norden zu den Besitzern von Falkenrehde bildete das Schlänitzer Bruch, ein schwer zugänglicher Sumpf.
Inmitten des Werders errichtete das Kloster bei dem heutigen Ort Neu-Töplitz eine Grangie. Im Jahre 1407 ist dieser Klosterhof von Quitzowschen Banden angezündet worden und abgebrannt. Er musste neu aufgebaut werden. Unmittelbar neben diesem Klosterhof erhebt sich der 700 Meter lange *Alte Weinberg*. Er ist eine mächtige Kameserhebung (Sand- und Kieshügel), die sich circa 20 Meter aus einer Grundmoränenplatte herausschiebt.
Zum *Alten Weinberg* gibt es viele unbeantwortete Fragen. Seit wann trug er den Namen *Alter Weinberg*, und wer hat hier als erster Weinbau betrieben? Deutet der Name *Alter* darauf hin, dass das Kloster in den unruhigen Zeiten zwischen 1320 und 1415, in denen es den Weinstock in die Stadt Werder brachte, auch hier einen Weinberg anlegte? Nach der Säkularisation des Klosters 1542 wurde der Klosterhof als ein Vorwerk des Amtes Lehnin weitergeführt. Aber über einen Weinbau am Amtsvorwerk nach 1542 gibt es keine Nachrichten.

Die ersten Quellen über den Töplitzer Weinbau stammen aus der Zeit nach 1685. Der Große Kurfürst hatte in diesem Jahr Schweizer Familien auf den Töplitzer Werder wie auch in den Orten Golm und Nattwerder angesiedelt. Die in Töplitz angesiedelten sechs Familien gründeten das Kolonistendorf Neu-Töplitz, nahmen 1691 den ehemaligen Klosterhof und die Schäferei Töplitz in Erbpacht und betrieben hier auf sechs Weinbergen Weinbau. 1729 besaßen diese Kolonisten 22 Morgen Gärten und Weinberge. C.R. Hausen erwähnt in seiner Schrift über den märkischen Weinbau von 1798 die Arbeit dieser Schweizer und bewertet sie als Musterbeispiel für einen rentablen Weinbau, da die sechs Familien insgesamt 21 Taler Erbpacht zu zahlen hatten und der Weinbau in guten Jahren 100 Taler Gewinn brachte.

Es wird vermutet, dass die Kolonisten den Weinbau zunächst am *Alten Weinberg* begannen. Da sich der Anbau hier gelohnt hatte, legten sie später einen weiteren Weinberg im Norden der Gemarkung von Neu-Töplitz an – am Eulenberg. Nach 1850 ist der Weinbau eingestellt worden.

Gegenwärtig ist nun geplant, auf dem *Alten Weinberg* ein *Belvedere* zu errichten, da der Berg eine herrliche Aussicht auf die umliegende Havellandschaft bietet.

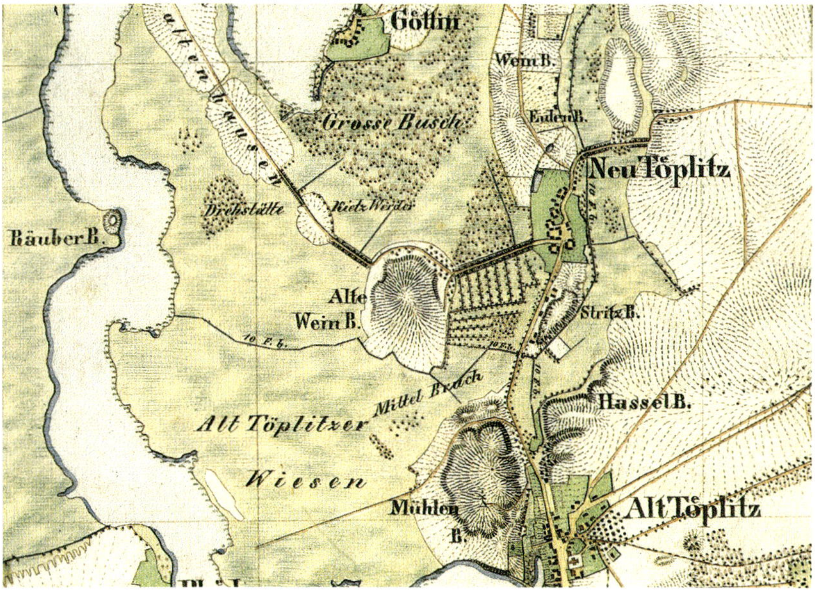

Töplitzer Weinberge auf dem Urmesstischblatt von 1839

Der Alte Weinberg von der Havel aus gesehen.

Reichtum unter den Hohenzollern

Die Übertragung der Landesherrschaft an die Hohenzollern im Jahre 1415 leitete die zweite Blütephase des Klosters ein. So wie das Kloster Lehnin dem neuen Landesherren von Anfang an seinen Beistand leistete, so erhielt auch Lehnin die volle Unterstützung der Kurfürsten. Die Lehniner Äbte wurden kurfürstliche Räte, und seit Kurfürst Cicero wurde Lehnin wieder Grablegungsstätte der Kurfürsten – wie bei den Askaniern.

Das reichste Kloster der Mark

Im 15. Jahrhundert gelang es dem Kloster, seinen Besitz zu erweitern. Durch die zunächst noch in der Eigenwirtschaft und später in der Rentenwirtschaft erzielten Überschüsse wurde Lehnin zum reichsten Kloster der Mark. Im Jahre 1445 besaß das Kloster 58 Mönche und 31 Konversen. Um die Überschüsse abzusetzen, betrieb es eine umfangreiche Handelstätigkeit. Mit kurfürstlicher Erlaubnis richtete es nach 1415 vor den Toren des Klosters einen Jahrmarkt und 1459 im Städtchen Werder zwei Jahrmärkte ein. In den Städten Berlin, Cölln und Brandenburg besaß das Kloster Stadthöfe, über die nicht nur der Handel in diesen Städten, sondern Fernhandelsgeschäfte mit Magdeburg, Leipzig, Hamburg und anderen Städten organisiert wurde. Einhergehend mit seiner ungebrochenen wirtschaftlichen Stärke entwickelte sich Lehnin zu einem bedeutenden geistigen Zentrum. 1450 besaß Lehnin mit 1 000 Titeln eine der größten Bibliotheken des gesamten Ordens.

Weinberg am Klosterhof Mühlenbeck

Unter den Hohenzollern legte das Kloster höchstwahrscheinlich am Klosterhof Mühlenbeck einen Weinberg an. Bereits 1242 hatte es hier im Niederbarnim einen großen Besitzkomplex erworben, der unter der Herrschaft der Hohenzollern nach 1415 erweitert wurde. Im Jahre 1458 baute Lehnin in Mühlenbeck einen neuen Klosterhof, der zur Zentralstelle für die Verwaltung und Bewirtschaftung seines Barnimbesitzes ausgebaut wurde. Vom Weinbau zur Klosterzeit gibt es keine Informationen.

Nach Auflösung des Klosters wurde der Klosterhof Mühlenbeck in ein Kurfürstliches Amtsvorwerk umgebildet. Laut einem Erbregister des Amtes von 1591 gab es hier einen Weinberg. Er lag an der Viehtrift, war ungefähr zwei Morgen groß und *»mit gutem Weinholz belegt«*. In einem der Häuser vor dem Hof wohnte der Weinmeister des Vorwerks. Es ist anzunehmen, dass das Kloster diesen Weinberg zusammen mit dem Klosterhof angelegt hat. Mit dem Wein konnte man sowohl den Berliner Stadthof versorgen als auch die Gäste am Hof.

Wahrscheinlich hat der Weinberg den 30jährigen Krieg nicht überlebt; denn danach gibt es über ihn keine Angaben mehr. Heute erinnert nur noch ein Flurstück mit dem Namen *Weinberg* an ihn.

Doch zurück zum Kloster Lehnin. Bis zu seiner Auflösung 1542 blieb es ein wirtschaftlich starkes Kloster, besaß eine stabile innere Ordnung und gehörte zu den Gegnern der Reformation.
Für dieses Kloster fehlen nicht nur das Klosterarchiv, sondern auch Erbregister aus den ersten Jahren nach der Auflösung. Dennoch können wir davon ausgehen, dass das Kloster Lehnin am Ende der Klosterzeit zwei Weinberge besaß, aus denen kurfürstliche Weinberge wurden: der Weinberg neben dem Kloster und der am Klosterhof Mühlenbeck. Außerdem brachte das Kloster den Weinstock in die Inselstadt Werder und legte hier auf Kirchenland vermutlich zwei Weinberge an. Alle vier Weinberge waren keine Schenkungen oder Erwerbungen, sondern Eigenschöpfungen.

Weinbau in weiteren Klosterorten

Außer diesen vier Weinbergen wurde in mindestens 13 Orten, die das Kloster als Volldörfer besaß, Weinbau betrieben (siehe Anhang S. 88). Von den Weinbergen, auf denen bereits zur Klosterzeit Weinbau betrieben wurde, hatte das Kloster Anspruch auf die Erhebung des Weinzehnt. Ein solcher Weinbergbesitz beziehungsweise Anspruch auf den Weinzehnt entsprach dem Weinbedarf des Klosters in der letzten Periode des Klosters. Für all diese Orte fehlt jedoch der urkundliche Nachweis, dass der Weinbau schon auf die Klosterzeit zurückgeht.

Kurfürstliche Zecher

Da das Konzil von Konstanz im Jahre 1415 den Laienkelch verboten hatte, wurde inzwischen für die Kirchen weniger Messwein benötigt. Dagegen war jedoch im 15. Jahrhundert der Trinkweinbedarf überall im Lande und auch in den Klöstern stark angestiegen. Im Kloster Lehnin betraf das in erster Linie den Wein für die Gästebetreuung. Im 15. Jahrhundert wurde ein neues Gästehaus errichtet, das spätere *Falkonierhaus*. Die Kurfürsten machten hier häufig von ihrem Einlegerecht Gebrauch und nutzten mit ihrem Jagdvolk – wie vorher die Askanier – die Gastfreundschaft des Klosters. Erst 1509 ist dieses Einlegerecht durch Kurfürst Joachim I. aufgehoben worden. Der Klosterhof bei Mühlenbeck im Barnim war ebenfalls für die Gästebetreuung eingerichtet. Darüber hinaus war es damals überall üblich, Geschäftsabschlüsse mit Wein zu besiegeln. Wein wurde also auch in den Stadthöfen benötigt.

Neues Gästehaus des Klosters aus dem 15. Jahrhundert.

Reformation fordert Opfer

Auch die Mönche und Konversen selbst haben im Kloster nicht weniger, sondern mehr Wein getrunken. Wie sich die Lebensverhältnisse der Lehniner Mönche verändert hatten, zeigte das letzte Klosterjahr 1542. Am 3. Januar wünschte Abt Vallentin dem zum evangelischen Glauben konvertierten Kurfürsten ein gesundes neues Jahr und bat ihn um Verehrung mit Wildbret, um es mit den Brüdern zu verzehren. Im Herbst des gleichen Jahres verstarb der Abt. Daraufhin verbot der Kurfürst am 4. Dezember die Neuwahl eines Abtes. Das bedeutete die faktische Auflösung des katholischen Klosters. Die Reformation forderte ihren Tribut. Im Verlaufe des Dezembers verließen die meisten Brüder das Kloster. Jedoch drei von ihnen – der Prior, Subprior und Senior – baten den Kurfürsten, im Kloster wohnen bleiben zu dürfen und nach folgender Regelung versorgt zu werden:

»Zu Mittag 4 Essen, zu Abend 3 Essen, 4 Brote täglich für jeden Bruder, wöchentlich eine Tonne Bier, jährlich 8 Tonnen Wein; alle nötigen Kleider, Schuhzeug und Bettgewand, einmal wöchentlich Barbieren, 14täglich ein Bad, monatlich für 4 Groschen Semmeln, wöchentlich einmal frische Butter, Käse nach Bedarf, Obst entsprechend der Jahreszeit; allerlei Gewürz für die Kranken; zu Neujahr und Mitfasten je einen Pfefferkuchen, jährliche Kleiderwäsche; Speisung der Freunde, die zu Besuch kommen, aus der Küche; an drei Tagen in der Woche und Fastenzeit Fischspeise; Arznei für die Kranken.«

Acht Tonnen Wein – das waren über 900 Liter für sich und Freunde, die zu Besuch kamen! Johannes Schultze bemerkt hierzu in seiner 1930 erschienenen Arbeit zum Kloster Lehnin: *»Diese Wünsche dürften einen gewissen Anhalt auch für die Lebensgewohnheiten der Mönche zur Klosterzeit bieten. Die letzten Äußerungen der Klosterherren waren auf das leibliche Wohl gerichtet. Man sieht daraus, dass auf gut Essen und Trinken nicht unbedeutendes Gewicht gelegt wurde und dass man von der alten Strenge abgekommen war.«*

Übermäßige Trinklust

Dabei muss man wissen, dass in Deutschland und anderen Ländern Europas seit dem 13. Jahrhundert eine Periode übermäßiger Trinklust beginnt und das 15. und 16. Jahrhundert die Hauptzechperiode war. Jeder Vorwand wurde zur Veranstaltung einer Trinkerei benutzt. Martin Luther hat diese Trinklust wiederholt angeprangert. 1534 erklärt er: *»Es muß ein jeglich Land seinen eignen Teufel haben (...) unser deutscher Teufel wird ein guter Weinschlauch sein und muß Sauf heißen, dass er so dürstig und hellig ist, der mit so großem Saufen Weins und Biers nicht kann gekühlet werden.«* In dieser Welt lebten die Zisterzienser. Man hatte sich ihr etwas angepasst.

Vom Kloster zum Amt

Nach Auflösung des Klosters wurde aus Lehnin ein Kurfürstliches Amt. Michael Happe von Happberg wurde 1543 als erster Amtmann eingesetzt. Er bekleidete dieses Amt bis 1561. Aus Unterlagen des Amtes Lehnin ist zu entnehmen, dass hier bereits in den ersten Jahren nach 1542 Wein erzeugt worden ist. Das geht aus einer Aufstellung des Jahres 1549 über die Einnahmen des Amtes aus dem Verkauf von Bier, Wein und anderen Produkten hervor. Da die erzeugte Weinmenge offensichtlich zu klein war, ist der Wein nicht verkauft worden. Bei den *Einnahmen an Wein* war vermerkt: *»Den Wein hat der Amtmann bewahrt«*. Im Jahre 1569 wurden bei der Neuverpfändung des Amtes an Heinrich von Staupitz zur Unterhaltung und Besoldung des Amtmannes jährlich zehn Tonnen Landwein aus den Einnahmen bewilligt.

Erste Weinmeisterordnung 1578

Mit der Übernahme der Landesherrschaft durch die Hohenzollern (1415) hatte auch der märkische Weinbau einen Aufschwung erlebt. Wie Hofarzt Moehsen (1785) schreibt, ließen die ersten Kurfürsten um Berlin, Brandenburg, Potsdam, Treuenbrietzen, Zossen, Frankfurt, Beeskow, Wriezen, Fürstenwalde, Cottbus, Krossen und anderen Orten Weinberge mit fränkischen Weinstöcken anlegen.

Kurfürstliche Weinberge

Das 16. Jahrhundert und die Zeit bis zum 30jährigen Krieg war die Hochzeit des Weinbaus in der Mark Brandenburg, dem Fläming und der Niederlausitz. Die Weinkultur hatte sich über große Teile dieser Gebiete ausgebreitet. Das Interesse der Städte und des Adels am Rebensaft hatte stark zugenommen. Weinbau war ein bedeutender Landeskulturzweig und Wein ein Ausfuhrerzeugnis in die Länder Ost- und Nordeuropas geworden. Wiederholt gewährten die Kurfürsten dem Adel und einigen Städten die Zollfreiheit der Ausfuhr. Seitdem unter Kurfürst Albrecht Cicero (1471–1499) der märkische Landwein auch die kurfürstliche Tafel erobert hatte, nahm die Anzahl der kurfürstlichen Weinberge zu. Einen weiteren Zuwachs brachte die Reformation.

Das Erbe der Klöster

Der bei der Auflösung der Klöster enteignete Klosterbesitz fiel in die Hände der Landesherren. Zu diesem Erbe gehörte eine Vielzahl von Weinbergen; denn neben den Zisterziensern hatten auch die Prämonstratenser, Kartäuser, Dominikaner und Benediktinerinnen Weinberge. Da der brandenburgische Kurfürst, Joachim II. (1535–1571), mit über 1,1 Millionen Taler verschuldet war, wurde in der Mark der meiste Besitz an eine Vielzahl Adliger verpfändet und gelangte erst später wieder in den Besitz des Kurfürsten. Wie groß dieses Erbe der klösterlichen Weinberge war und wie mit ihm umgegangen wurde, liegt im Dunkeln.

Das erste Gestz

Mit dem Regierungsantritt des Kurfürsten Johann Georg (1571–1598) wird der Versuch unternommen, die Wirtschaftlichkeit der Hofhaltung und der kurfürstlichen Domänen zu verbessern. Dazu wurden die ersten Erbregister angefertigt und dazu gehörte auch der Erlass der ersten Kurfürstlichen Brandenburgischen Weinmeister-Ordnung vom 29. September 1578. Es ist das erste brandenburgische Weingesetz.

In seinen Geltungsbereich gehörten zwar ausschließlich die kurfürstlichen Weinberge, seine Abfassung lag jedoch im Interesse aller märkischer Weinherren. Die Veröffentlichung zeigt, welches ökonomisches Gewicht damals der Weinbau in der Mark Brandenburg hatte. Die Ordnung wurde notwendig, weil die Zahl der kurfürstlichen Weinberge nicht zuletzt durch die Auflösung der Klöster zugenommen hatte und es den kurfürstlichen Ämtern an weinbauerfahrenen Amtsleuten und Weinmeistern fehlte.

Qualität statt Quantität

In der Einleitung der Ordnung wird festgestellt, dass »*unsere Weinberge sehr unfleißig und nicht in den Maßen wie es nötig und erforderlich ist, beschickt und gewartet werden und dadurch nicht geringer Schaden und Abgang am Zuwachs des Weines verursacht werden*«.

Zum anderen war zu diesem Zeitpunkt durch den Genuss von Fremdweinen vor allem aus Franken und vom Rhein deutlich geworden, dass anstelle der Quantität mehr und mehr die Qualität des Weines in den Vordergrund treten musste. Auch das verlangte ein höheres Niveau der Weinbergsarbeit. In 28 Artikeln werden die alljährlich wiederkehrenden Aufgaben der Weinmeister und ihrer Entlohnung, aber auch die Verantwortung der Amtsleute genauestens festgelegt.

In der Ordnung waren sowohl die Erkenntnisse der alten römischen Weinschriftsteller wie Columella verarbeitet, als auch die neueren Erfahrungen des deutschen und besonders des märkischen Weinbaus verallgemeinert worden. Die Ordnung dürfte auch eine Art »Erbregister« der klösterlichen Weinbauerfahrungen gewesen sein. Zum ersten Mal wird hier die bis dahin nur bei den Zisterziensern und Benediktinerinnen gültige Bezeichnung *Weinmeister* als Spezialist für Weinbau in die brandenburgische Weinbau-Terminologie eingeführt. Nach Erlass dieser Ordnung treffen wir in Brandenburg überall auf den Weinmeister, dessen Aufgaben genau umrissen sind.

Vier Rebsorten

Die Ordnung nannte vorrangig jene Rebsorten, mit denen in den Weinbergen der Mark Brandenburg die besten Erfahrungen gemacht worden waren, weil sie »*dieser Orten Landes am besten reiff werden*«. Es waren die Sorten *Groß-Fränckisch, Traminer, Elbling* und *Klebroth*. Das Gesetz stellte den Weinmeistern die Aufgabe, das Schnittholz zur Vermehrung und Verjüngung der Rebstöcke künftig vor allem von diesen Sorten anzufertigen. An erster Stelle der weißen Rebsorten wird die *Groß-Fränckische* genannt. Diese Sorte war im 13. Jahrhundert von den ersten Siedlern aus Franken mitgebracht und später von den Hohenzollern verstärkt in den Weinbergen gepflanzt worden.

Blauer Burgunder

Der Name *Klebroth* ist das Synonym für die Blaue Burgundertraube. Es handelt sich also um jene Rebsorte, die vom Zisterzienser Kloster Citeaux

M. IOHANNIS COLERI
Oeconomia vnd Haußbuch/
Ander Theil,
Zum Calendario Oeconomico & perpetuo gehörig.
Darin gehandelt wird / zum Ersten:
Vom Weinbaw / Wie
vnd wo man den anlegen / wz man vor holtz
nemen / in decken / reumen vnd schneiden sol / vnd was
dem mehr anhengig.
Zum Andern:
Vom Gartenbaw / wie die Bewme zu pfropffen / von jhren früchten / schäden vnd vnheil. Item / von Kreütern / Blumen vnd allerley Küchen speise / wenn man die ausseen / pflantzen / versetzen vnd abnemen sol.
Zum Dritten:
Vom Holtzbaw / dessen Natur / Eigenschafft / wartung vnd fellung.
Alles Gott zu lob vnd ehren / zu erhaltung vnd fortsetzung Heußlicher Narung / den Menschen zu gut in Druck geordnet
Mit Röm. Key. May. Freyheit nicht nachzudrucken.
In vorlegung Paul Helwigs / Buchführes zu Wittenberg.

Titelblatt des Buches von Johannes Colerus.

vorrangig angebaut wurde und über die deutschen Tochterklöster nach Deutschland kam. Die Weinmeisterordnung von 1578 ist der erste Nachweis, dass die Blaue Burgunderrebe auch nach Brandenburg gelangt ist. An ihrer Einführung haben die Zisterzienser Brandenburgs einen nicht unwesentlichen Anteil. Colerus schreibt in seinem Kommentar: *Klebroth* ist *»der beste rote Wein, der belohnet gemeiniglich, was auf ihn gewandt wird, wenn einem gleich die anderen fast alle verlassen«*. Bis ins 20. Jahrhundert hinein wird die Blaue Burgunderrebe von Weinsachverständigen für den Anbau in der Mark empfohlen. Mit Sicherheit ist sie auch in den Weinbergen des Klosters Lehnin und in Werder angebaut worden. Die Blaue Burgunderrebe galt damals als eine sehr früh reifende Sorte. Vielerorts wurde sie jedoch zu früh gelesen. Um aus ihr den köstlichsten Burgunderwein zu gewinnen, muss sie lange am Stock ausreifen können. Deshalb trägt sie heute im deutschen Sprachraum den Namen *Blauer Spätburgunder*.

Ehr-, Tisch- und Fischwein

Eine bedeutende Rolle bei der Erläuterung und Verbreitung der in der Ordnung zusammengefassten Erkenntnisse spielte Magister Johannes Colerus Er wirkte während der Regierungszeit des Kurfürsten Johann Georg in Berlin, wo sein Vater einen Weinberg besaß, der von einem Weinmeister bearbeitet wurde. 1598 erschien sein großartiges Buch *Vom Weinbau – vinicultura genannt*, worin er *»die Erfahrungen des märkischen Weinbaus verallgemeinert«* beschrieb. Im Mittelpunkt stand die Kurfürstliche Weinmeister-Ordnung von 1578, die er hier im IV. Kapitel erstmals abdruckte und in 30 Kapiteln kommentierte.

In weiteren 35 Kapiteln behandelt er die Weinbereitung, die die Weinmeister-Ordnung nicht erfasst hatte. Es ist bemerkenswert, welche hohen Anforderungen damals an die Weinlese und das Keltern gestellt wurden, um verschiedene Qualitäten zu gewinnen: einen Ehrwein als bester Wein aus den reifsten Trauben; einen Tischwein als einen mittelmäßigen Wein zur Mahlzeit und schließlich einen Fischwein als der geringste zum Fische sieden und für Weinessig. Interessant sind auch die Kapitel zur Behandlung des Mostes im Keller, um die verschiedensten Würz-, Kräuter- und andere Weine herzustellen. Am Schluss erfährt der Leser etwas über den gesundheitlichen Wert des Weines, woran man einen guten Wein erkennen kann und von der Schädlichkeit der Trunkenheit.

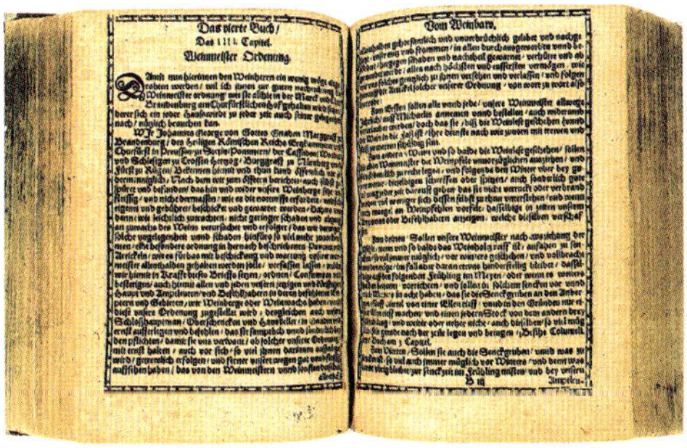

Im 16. Jahrhundert besaß der Werdersche Wein noch keinen Namen und Werder gehörte noch nicht zu den bekannten Weinorten der Mark. In den ersten Beschreibungen der Mark Brandenburg von Jobst (1572) und Leuthinger (1594) werden als die bedeutendsten Weinorte genannt: Brandenburg (Havel), Berlin/Köln, Frankfurt (Oder), Wriezen, Freienwalde, Beeskow in der Mittelmark, Guben und Luckau in der Niederlausitz sowie Krossen und Landsberg in der Neumark östlich der Oder.

Welche Rolle der Weinbau in den Städten spielte, zeigt die Entstehung von Weinherrengilden in Brandenburg-Altstadt, Jüterbog und Luckenwalde. Da der Geltungsbereich der Kurfürstlichen Weinmeisterordnung nur die kurfürstlichen Weinberge betraf, erließen einige Städte eigene Weinmeisterordnungen. In Frankfurt (Oder) entstand die erste Weinmeisterinnung.

Der Krieg und die Folgen

Die Quellen über den Werderschen Weinbau fließen auch nach Aufhebung des Klosters sehr schwach. Erst nach dem 30jährigen Krieg (1618–1648) erfahren wir Genaueres.

Der Krieg hatte den Weinbau in ganz Brandenburg bis in die Wurzeln schwer getroffen. Die schrecklichste Folge des Krieges und des ihn begleitenden »Schwarzen Todes« – die Pest – waren die Bevölkerungsverluste in Brandenburg von 50 Prozent. Viele Städte und Dörfer waren entvölkert. Das Land war verarmt. Bei den Überlebenden hatte der Krieg einen tiefen Kulturverfall bewirkt. Auch eine große Zahl Weinberge lag wüst. Weinmeister und Weinbauerfahrungen waren hinweggerafft. Es brauchte lange, um die Mittel aufzubringen, die für die Wiederbelebung der Weinkultur erforderlich waren. Viele Weinberge sind nach dem Krieg nicht wieder weinbaulich genutzt worden.

Auch Werder hatte unter den Greueln des Krieges und der Pest zu leiden. 1637 drangen die Schweden zum ersten Mal auf die Insel vor, plünderten und soffen die Weinfässer leer. Danach rissen die Werderschen ihre einzige Brücke selbst ab. Trotzdem kamen die Schweden 1641 wieder auf die Insel. Die Legende erzählt, dass die Werderschen gerade zu viel Wein getrunken hatten und dabei vergaßen, alle Boote auf die Insel zu ziehen. Diesmal brannten die Schweden das Rathaus ab, das nie wieder aufgebaut wurde.

Weinbau in Werder

Nach dem Kriege blühte der Weinbau in Werder erstaunlich schnell wieder auf. Bereits 1657 – nur neun Jahre nach Beendigung des Krieges – muss die Weinsteuer, die Werder zu entrichten hatte, so hoch gewesen sein, dass sich der Kurfürst Friedrich Wilhelm in diesem Jahre persönlich an den Magistrat der Stadt Werder wandte und ihn aufforderte, dafür zu sorgen, dass die Besitzer der Weinberge im Städtlein Werder auch tatsächlich ihre *Kontribution* (Steuerschulden) zahlten. Dabei hebt er vor allem diejenigen hervor, die in anderen Orten wohnten, aber hier in Werder ihre Weinberge besaßen. Aus Kontributions-Rechnungen Werders vom Jahre 1659 und den folgenden Jahren geht hervor, dass zu diesen auswärtigen Weinbergbesitzern Bürger der umliegenden ehemaligen Klosterdörfer gehörten, so der Pfarrer von Phöben, aber auch Bürger weiter entfernt liegender Orte wie Brandenburg, Spandau und Berlin. Die Werderschen Weinberge waren also bereits so berühmt, dass sie wie ein Magnet auf umliegende Orte wirkten. Aufgrund der Bedeutung, die der Große Kurfürst dem Werderschen Weinbau beimaß, ließ er 1670 nicht die alte Brücke zum Gallin erneuern, sondern baute eine neue Brücke zu den Weinbergen auf dem westlichen Festland.

Das erste Zeugnis über die flächenmäßige Ausdehnung des Werderschen Weinbaus stammt aus dem Jahre 1680. Es ist der erste brandenburgische Atlas über die Herrschaft Potsdam von Samuel von Suchodoletz – angefertigt im Auftrag des Großen Kurfürsten in den Jahren 1679 bis 1683.

Das Kartenwerk umfasst 41 farbige Karten und ist ein Meisterwerk der Altkartografie vor allem wegen seiner außerordentlichen Genauigkeit, Sauberkeit und gestalterischen Schönheit. Das 1680 fertiggestellte Blatt IX stellt das Gebiet um Geltow und Werder dar.

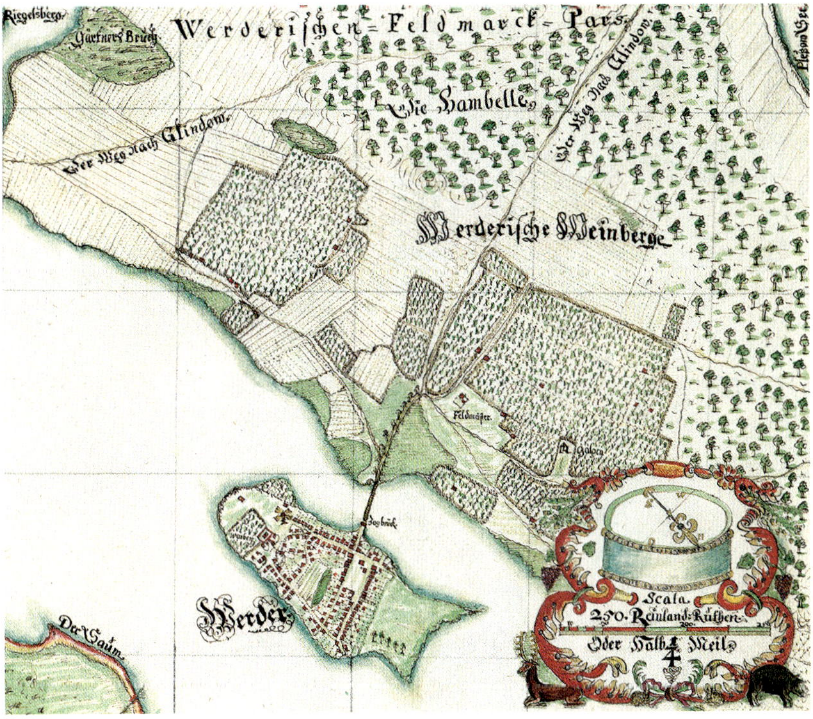

20 Hektar auf dem Wachtelberg

Neben den drei kurfürstlichen Weinbergen zu Geltow zeigt das Kartenwerk die genaue Lage und Ausdehnung des Werderschen Weinbaus. Danach gab es auf der Insel die zwei ehemaligen Kirchenweinberge. In den westlich der Havel gelegenen Vorbergen sind die *Werderischen Weinberge* sehr genau eingezeichnet. Der Atlas zeigt, dass die Ausdehnung der Rebkultur bereits zu diesem Zeitpunkt fast so groß war wie 120 Jahre später. Auf dem Galgenberg waren es über 50 Hektar und auf dem Wachtelberg über 20 Hektar, die mit Reben bestockt waren; also insgesamt rund 75 Hektar oder 300 Morgen. Zum ersten Mal wird von Suchodoletz der Name *Werderische Weinberge* geprägt. Suchodoletz hatte auf allen Karten in der rechten und linken unteren Kartenecke jene Symbole gezeichnet, mit denen die wichtigsten Landesprodukte bzw. der Reichtum des jeweiligen Gebietes hervorgehoben werden sollten. Auf der Karte Geltow/Werder stehen Hirsch und Wildschwein für das Jagdgebiet der Pirschheide und zwei Weintrauben dafür, dass der Weinbau hier ein bedeutendes ökonomisches Gewicht besaß.

30 Märkische Weinreben

Nach dem 30jährigen Krieg hatte der Große Kurfürst mit seinem Hofarzt und Botanikus Johannes Elßholtz vielfältige Maßnahmen eingeleitet, um den märkischen Weinbau wieder zur Blüte zu bringen. Im Jahre 1666 veröffentlichte Elßholtz in seinem bedeutendsten Buch über den Gartenbau ein Kapitel *Vom Weingarten*. Stärker noch als Colerus orientiert er darauf, das besondere Klima der Mark zu beachten. »*Was dann insonderheit die Mark Brandenburg unter dem 53. Grad der Erhöhung nach Mitternacht antrifft, so können die Weinberge nicht auf allen Seiten der Berge angelegt werden, sondern man muß notwendig die Mittagsseite wählen, nebst derselben die Ostseite und erst danach die Westseite.*«

Während Colerus nur zwölf Weinsorten kannte, die zu seiner Zeit in der Mark angebaut wurden, nennt Elßholtz bereits 30 »*Märkische Weinreben*«, davon »*15 für Blancken und 15 für Rothen Wein*« Danach gab Elßholtz ähnlich wie Colerus interessante Ratschläge, um hochwertige Trauben und den besten Wein erzeugen zu können.

Weinmeister Lindicke

Damit der Weinbau seine alte Stellung wieder erhielt, hatte der Große Kurfürst auch steuerliche Maßnahmen erlassen. In der General-Steuer- und Konsumtionsordnung vom 2. Januar 1684 waren alle Weinbergbesitzer aufgefordert, wüstgegangene Weinberge wieder neu mit Wein zu bepflanzen, für alle »*welche der gleichen Berge von neuem mit Wein anzulegen und unter die Kultur zu bringen sich entschließen*«, wurde eine zehnjährige Steuerfreiheit zugesichert. Diese steuerliche Begünstigung haben danach viele Werderaner Bürger genutzt und auf wüstem Land neue Weinberge angelegt. Darunter befanden sich auch die Werderaner Weinmeister Johann Rasenack, Erdmann Lindicke und Peter Lindicke.

141 Bürger und 204 Weinberge

Aus der 1751 von Prof. L. B. Bekmann herausgegebenen *Beschreibung der Chur und Mark Brandenburg* erfahren wir, dass um 1740 in Werder 141 Bürger lebten. Es waren vor allem Handwerker und Fischer, die sich hauptsächlich durch den Weinbau ernährten; denn Viehzucht und Ackerbau waren sehr gering entwickelt. Die Weinberge lagen auf den beiden großen Vorbergen westlich der Havel. Sie waren alle sandig, aber warm und vollständig mit Weinstöcken bepflanzt. Außerdem standen in ihnen allerlei Obstbäume, wie Kirschen, Aprikosen, Morellen (Sauerkirschen), Äpfel und Birnen; *»alle von guter Art«*. Zwischen den Weinbergen waren Nussbäume gesetzt.

Um 1775 bereist der Berliner Geograf Büsching die Stadt Werder. Aus seinem Bericht geht hervor, dass es damals hier 204 Weinberge gab, die 400 Morgen umfassten. *»Ein jeder Bürger hat einen Anteil, welcher sich von oben herunter erstreckt und von des Nachbars seinem nur durch einen schmalen Fußsteig abgesondert ist; unten aber sind die Berge durch ein gemeinschaftliches Gehege eingefasset«*. In diesen Weinbergen standen 36 Weinpressen und zahlreiche Weinberghütten.

4000 *»Eymer«*

Aus der alten Werderschen Registratur geht hervor, dass die jährlichen Weinerträge im 18. Jahrhundert sehr schwankend waren. Vier sehr gute Jahre gab es zwischen 1700 und 1740. In den Jahren 1728 und 1729 wurden jedes Jahr 4 000 *»Eymer«* (2 748 Hektoliter) gekeltert. Das waren die *»allerergiebigsten Jahre seit hundert Jahren«*. Daneben gab es viele Missjahre mit sehr niedrigen Erträgen. (Die damaligen Weinmaße betrugen: 1 Quart = 1,145 Liter; 1 Eymer = 60 Quart; 1 Oxhoft = 3 Eymer)

Damals besaßen in Werder nur fünf Personen große Weinberge, von denen ein jeder in guten Jahren 60 Oxhoft (123,6 Hektoliter) gewinnen konnte. Der Chronist Schönemann, Sohn des Bürgermeisters von Werder, nennt 1784 sechs Besitzer, die damals die schönsten und größten Weinberge besaßen: Am Galgenberg die Besitzer Ehmicke (Besitzer des Freigutes), Heyden und Aschenborn. Letzterer besaß hier allein 20 Morgen. Im Sprengfeld, das heißt am Südosthang des Wachtelberges, waren es die Besitzer Klein, Niedner und Moy.

Harte und saure Arbeit

Die meisten Weinbergsbesitzer waren jedoch einfache Bürger, die nur sehr kleine Weinberge von ein bis zwei Morgen besaßen. Sie vernachlässigten im Sommer sogar ihre Werkstatt und arbeiteten dafür im Weinberg. Für sie waren Missjahre im Weinberg Notjahre. Schönemann schreibt über diese Werderschen: *»Ihre Lebensart ist bei der harten und sauren Arbeit in den Weinbergen, auf den Ziegeleien, beim Fischfange sehr beweglich, letztere beide sogar mit Lebensgefahren verknüpfet. Den Tag über begnügen sie sich mit trockenem Brot und schlechtem Getränke, des Abends pflegen sie nur eine ordentliche Mahlzeit zu halten, welche aus geringer Kost bestehet. Sie stehen bei früher Tageszeit auf, und* *gehen an ihre Arbeiten im Sommer schon um 2 Uhr des Morgens, erreichen 70, 80 und mehrere Jahre, bleiben bei guten Kräften in diesem Alter. Ihre Kinder gewöhnen sie zu ihrer harten Lebensart von der zartesten Jugend. Säuglinge werden mit in die Weinberge genommen und den Kindern mit der Muttermilch gleichsam die Liebe zur Arbeit eingeflößt«*. Das »*schlechte Getränk*« entstand sicher so, dass die märkischen Bauern die ausgepressten Traubenrückstände nochmals mit Wasser begossen, auspressten und vergoren, um ein Getränk für ihren Durst und ihr Gesinde zu erhalten. Sie nannten es »Lurcke«. Wie aus Tagebuchaufzeichnungen von Weinbergsbesitzern hervorgeht, gehörten die meisten Weinbergsbesitzer auch im 19. Jahrhundert nicht zu den Wohlhabenden. Weinbergsarbeit blieb härteste Arbeit. Jede Investition im Weinberg musste vom Munde abgespart werden.

Titelblatt des 1784 vom Sohn des Bürgermeisters und Chronisten F. L. Schönemann herausgegebenen Buches

Diplomatische und Topographische
Geschichts-Beschreibung
der
Churmärkschen Mediat-Stadt
Werder.
Herausgegeben
von
Ferdinand Ludewig Schönemann.

Potsdam, 1784.
Gedruckt bey Michael Gottlieb Sommer,
Königl. Hofbuchdrucker.

Das 1773 erbaute Wohnhaus der Familie Schönemann – eines der ersten Steinhäuser Werders

Angenehme Lindigkeit

Die erste Nachricht über die Qualität des Werderschen Weines stammt aus dem Jahre 1683. Der Hofarzt des Großen Kurfürsten, Johannes Elßholtz, zählte den Werderschen Landwein neben denen von Potsdam, Saarmund und Fahrland zu den besten Landweinen der Mark Brandenburg, »*welche auf keinen rauhen Kalkgrund, sondern auf klaren Sandhügeln wachsen und daher zwar nur leichte Weine sind, aber doch keine zusammenziehende Säure, sondern viel mehr nur angenehme Lindigkeit, bevorab in guten Weinjahren haben. Und dieweil man dergleichen gelinde Weine in gewissen Personen und Begebenheiten oft mehr als starke vonnöten hat, so werde ich nicht Unrecht tun, wenn ich diese unsere jetzt benannten Landweine mit billigem Lob allhier erhebe*«. Zum ersten Mal wird hier von ihm der Einfluss, des märkischen Sandbodens auf die Güte des Weines, insbesondere seines Geschmacks, hervorgehoben. Diese Besonderheit, dass der Sandboden säurearme Weine hervorbringt und dem Wein eine besondere Milde verleiht, ist bis heute das Bestimmende der Qualität der Werderschen Weine.

Die Werderschen Weine waren sehr lange vor allem wegen ihrer Güte und ihres angenehmen Geschmacks berühmt. Friedrich Hoffmann, Hofrat des preussischen Königs und Professor der Medizin, veröffentlichte 1709 ein Buch über den gesundheitlichen Nutzen des Rheinweines und anderer Weine. Von den märkischen Weinen hebt er insbesondere die Rotweine der Städte Brandenburg, Potsdam und Werder hervor: »*Die rothen dieser Art / seynd den Magen zuträglich / und kommen fast dem rothen Frantzwein bei*«, das heißt dem französischen Rotwein. Solche Urteile werden auch in späteren Jahren bis Ende des 18. Jahrhundert wiederholt abgegeben. Auch B. L. Bekmann würdigt den Werderschen Wein in seiner bereits erwähnten Beschreibung, »*welcher einen angenehmen Geschmack hat, sonsten auch einer von den besten in der ganzen Mark Brandenburg zu sein geachtet wird; wie denn auch der Weinbau mit darzwischen stehenden Obstwerk, insonderheit Kirschbäume, die Hauptnahrung der Bürger in dem Städtlein Werder ist, welche ihr Obst nach Berlin, den Wein aber in Tonnen und Fässern häufig nach Hamburg verhandeln, worin sie doch den Roten dem Blanken (Weißen) vorziehen, auch dieses noch sonderlich daran rühmen, daß er keinen Kalk wie verschiedene andere Weine mit sich führen*«.

Im harten Winter anno 1740 erfroren in Werder sämtliche Weinberge und mussten neu angelegt werden. Dieses Schicksal traf alle Weinberge der Mark Brandenburg und der Niederlausitz. Es war der Winter mit den meisten Frosttagen des 18. Jahrhunderts – 150 Tage. Der Frost setzte Ende Oktober ein, ging mit Unterbrechungen bis Ende April und erreichte Tiefsttemperaturen von Minus 22,2° C bei teilweise empfindlichen Ostwinden. In vielen Gegenden wurde nach diesem Winter der Weinbau ganz aufgegeben. Dazu gehörten alle Orte der Prignitz und der Uckermark, darunter auch die ehemaligen Weinberge des Klosters Chorin.

Zwiespältiges Verhältnis

Dennoch – ähnliche Winter hatte es schon früher gegeben, so 1708/09 oder 1716/17, ohne dass sie das Ende des Weinbaus bedeutet hätten. Entscheidend für den Weinbau war, dass im Juni 1740 der Soldatenkönig Friedrich Wilhelm I. starb. Sein Sohn Friedrich II. hatte zum märkischen Weinbau ein sehr zwiespältiges Verhältnis. Einerseits kultivierte er den Speisetraubenanbau am Schloss, andererseits versuchte er, den märkischen Kelterweinbau rigoros zu beenden.

In Potsdam ließ Friedrich II. drei neue Weinberge anlegen. Sie dienten nur dem Anbau von Speisetrauben auserwählter südländischer Rebsorten. 1742 entstand eine der schönsten Weinbergterrassenanlage unterhalb des späteren Schlosses Sanssouci. 1747 ließ er den Winzerberg östlich des Schlosses anlegen, und nach 1769 wurde schließlich die große Terrassenanlage am Klausberg mit dem Winzerhaus – dem heutigen Drachenhaus – errichtet. Von diesen drei Weinbergen wurde nie Wein gekeltert.

Hinsichtlich der Haltung zum märkischen Kelterweinbau setzte er jedoch die Linie seines Vaters fort. Jener hatte 1736 per Erlass entschieden, allen Weinbergbesitzern zu gestatten, ihre Weinberge anderweitig zu nutzen. Neuangelegte Weinberge wurden nicht mehr mit Steuerfreiheit gefördert. Friedrich II. wollte den Frostwinter von 1739/40 zum Anlass nehmen, den Kelterweinbau in der ganzen Mark zu beenden. Bereits am 1. Juli 1740 – wenige Tage nach dem Amtsantritt des jungen Königs – versandte die Kurmärkische Kriegs- und Domänenkammer an alle Amtsmänner und Steuerräte ein königliches Schreiben. Darin wird davon ausgegangen, dass der starke Winter die Weinberge bei den Städten und Ämtern meist gänzlich verdorben habe und der Weinbau in der Kurmark mehr schädlich als profitabel sei. Die Ämter sollten prüfen, ob es nicht besser und nützlicher sei, die Erneuerung der Weinberge in der Kurmark generell zu verbieten und nur die Obstbäume stehen zu lassen. Die Ämter sollten zunächst feststellen, was die Weinberge bei den Städten in den letzten drei Jahren an *Akzise* (Steuern) gebracht hätten, wie viel Roggen und Gerste in den Weinbergen, so sie eingehen sollten, angebaut werden könnte und was man an Holz und Weinpfählen einsparen würde.

Bürgermeister kontra König

Bereits am 6. August 1740 antwortete der Bürgermeister der Stadt Werder, Steinbrecher, dem für Werder zuständigen Steuerrat Heidenreich, dass ein Eingehen der Weinberge des hiesigen Ortes *»rein unmöglich«* sei. Zum ersten deshalb, weil der Boden der Weinberge nicht so beschaffen sei, dass derselbe mit Roggen, geschweige denn Gerste besät werden könne. Es handele sich um reine kahle Sandberge, welche der Wind, sobald das Weinholz herauskäme, im ersten Jahr hinwegwehe. Zum anderen erhalte sich die halbe Stadt von den Weinbergen. Sollten sie eingehen, so würden alle diese Leute, welche nichts anderes gelernt und folglich auch nichts anderes zu verdienen wüßten, kein Brot haben und betteln gehen müssen. Am Schluss hebt der Bürgermeister Werders mit aller Deutlichkeit hervor, dass das Eingehen der hiesigen Weinberge den Ruin der Stadt bedeuten würde. Damals gab es in dem kleinen Städtchen Werder 130 Weinbergbesitzer.

Wie die Werderaner, so haben offensichtlich auch viele andere Orte der Absicht des jungen Königs, dem Weinbau mit Gewalt ein Ende zu setzen, erfolgreich Widerstand entgegengesetzt. Werder und die meisten anderen Weinorte der Mark Brandenburg haben noch viele Jahrzehnte die Rebkultur gepflegt.

Potsdamer Rotwein und der König

Nach 1740 sind sowohl in der Haltung Friedrichs II. zum einheimischen Weinbau als auch in der Praxis des Werderschen Weinbaus Veränderungen vor sich gegangen. Ausschlaggebend für die veränderte Haltung des Königs waren seine Erfahrungen, die er mit der Praxis des märkischen und schlesischen Weinbaus gemacht hatte. Dabei spielten seine engen Kontakte zu den Potsdamer Weinbergsbesitzern um den Rektor der Potsdamer Stadtschule, Salomon Gerlach, eine besondere Rolle. Die Potsdamer Weinberge lagen zwischen Heiligen See und Pfingstberg (damals Judenberg) und umfassten 1781 eine Fläche von 372 Morgen. Die Große Weinmeisterstraße trennte die Unterberge von den Oberbergen. Dabei befanden sich die letzteren in der besten Lage. Hier hatte auch Gerlach seinen Weinberg. Die hohe Qualität des damals in Potsdam erzeugten Weines hatte sowohl die Anerkennung des Königs als auch seiner Gäste aus Frankreich gefunden, die vor allem den Potsdamer Roten für einen echten Burgunder gehalten hatten. Speziell für diese Potsdamer Weinbergbesitzer erließ Friedrich II. 1781 eine Königliche Weinmeisterordnung.

Speisetrauben für Berlin

Auch die Weinbaupraxis Werders hatte sich verändert. Zunächst berichtet der Bürgermeister Steinbrecher, 1743, dass der Weinbau in Werder nach 1740 erneut stark betrieben wurde, *»um die erfrorenen Weinberge wieder in Stand zu bringen«*. Dabei hatten die Werderaner Weinmeister 1740/41 eine Methode entwickelt, wie man den Rebstock wieder zum Austreiben bringen konnte, wenn er unter der Erde erfroren war.

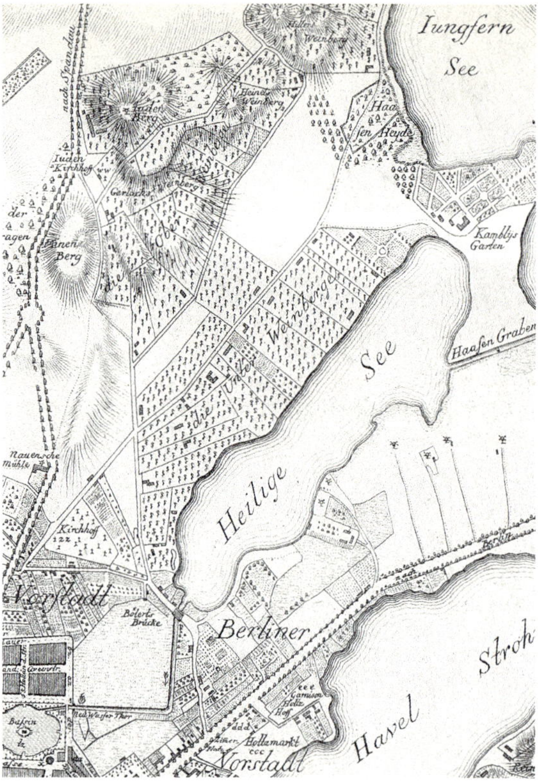

Die Potsdamer Weinberge am Pfingstberg. Ausschnitt aus dem Grundriss der Stadt Potsdam von 1778 von C. L. Oesfeld.

Die Oberen Weinberge heute.

König Friedrich II. hatte die Stadt Werder nach 1740 darauf ausgerichtet, neben dem Obst verstärkt Speisetrauben anzubauen. Dafür hatte der schlaue König den Weinbergbesitzern von Werder das Recht eingeräumt, ihr Obst (Kirschen) und die Weintrauben in Berlin steuerfrei zu verkaufen und ihnen dafür an der Friedrichsbrücke einen Anlege- und Verkaufsplatz zugewiesen. Seit dieser Zeit wurden in den Weinbergen von Werder mehr und mehr die Rebsorten *Weißer* und *Roter Gutedel* angebaut, die sowohl Keltertrauben sind als auch als Tafeltrauben verwendet werden können.

Obst und Weintrauben wurden auf dem Wasserwege über Havel und Spree nach Berlin transportiert. Dazu hatten die Werderaner spezielle Transportkähne, sogenannte »Schuten«, entwickelt und gebaut. Es waren vor allem Ruderboote. Der Werderaner Lehrer Oeser beschreibt solche Fahrten: *»Bis zum Jahre 1851 wurde das Obst durch sogenannte Schuten befördert. Man denke sich das Beschwerliche und Gesundheitsgefährliche einer solchen Fahrt! Eine Flotille von 15 bis 20 Schuten stieß Nachmittags 2 Uhr vom Lande und ein Steuermann suchte dem anderen den Vorrang abzugewinnen; denn das Obst, das zuerst in Berlin eintraf, wurde am besten bezahlt. So entstand eine förmliche Wettfahrt von Werder nach Berlin. Vorn an der Spitze des Bootes saßen auf drei Ruderbänken 6 Frauen resp. Mädchen und pätzten aus allen Kräften eine Meile weit, dann wurden sie von 6 anderen abgelöst und sanken durchnässt von Schweiß, todesmatt vor Erschöpfung, auf ihren Bettsack nieder. Die kalte Nachtluft denn die Fahrt währte bis zum Morgen Sturm und Ungewitter strichen über die Erhitzten hinweg, und wie oft strömte der Regen auf sie herab und die schäumenden Spritzwellen beim Sturme überschütteten sie. Damit noch nicht genug, mussten sie auf der Spree, besonders in den kalten Septembernächten, bis an das Knie im Wasser watend, vor Leine ziehen! Es war daher kein Wunder, dass damals, hervorgerufen durch diese furchtbaren Erkältungen, die Schwindsucht entsetzliche Opfer unter der weiblichen Bevölkerung forderte.«* Die Fahrten begannen im Juni mit den Erdbeeren und endeten mit dem Transport von Weintrauben zum Teil erst im Dezember.

Handel in Tienen

Als Transportbehälter hatten die Werderaner einen Holzbottich entwikkelt, den sie »Tiene« nannten. Das Gefäß fasste ca. 4,5 Kilogramm und wurde mit einem Leinensack zugebunden. Jede Tiene war mit dem Zeichen des Besitzers versehen. Der Name *Tiene* kommt aus dem Kelterweinbau. Unter einer *Tiene* verstand man in der Mark zur Zeit des Colerus und Elßholtz einen großen Holzbottich zum Treten der Trauben. Nun hatten sie diesen Namen auf ihr Transportgefäß für Obst- und Weintrauben übertragen.

Der Anbau von Speisetrauben in den Weinbergen nahm einen immer größeren Umfang an. Um 1790 wurden bereits jährlich für 25 000 Taler Obst und Weintrauben nach Berlin verkauft. Das war bedeutend mehr als der Kelterwein in den besten Jahren erbrachte. 1783 wurden 558 Fass gekeltert. Für das Fass bekamen die Weinbergbesitzer an der Presse 15 Taler, insgesamt also nur 8 370 Taler. Aus den Tagebuchaufzeichnungen des Weinbergbesitzers Wilhelm Felsch aus den Jahren 1846 bis 1870 geht hervor, dass in dem guten Weinjahr 1846 die Traubenernte so reichlich war, dass von Mitte Oktober bis in den Dezember hinein täglich vier bis sechs Schuten voll beladen nach Berlin fuhren. Auch im ertragreichen Weinjahr 1858 sind die Trauben bis Anfang Dezember nach Berlin gefahren worden. 1851 wurde damit begonnen, die Ruderinnen nach und nach durch Dampfschiffe abzulösen. 1852 wurden mit den Dampfbooten 68 467 und mit den Schuten ca. 15 000 bis 18 000 Tienen transportiert. Bis 1883 erhöhte sich die Anzahl der auf dem Wasserwege transportierten Tienen auf 747 143. Davon waren 7 140 Tienen Weintrauben mit einem Gewicht von 32,73 Tonnen.

Der Weinberg im Norden

Ein kleiner Weinberg nah des Weinstocks Grenze,
Aufs Neu' bepflanzt, wo Reben sonst sich wanden,
Die Winzer fröhlich an die Pfähle banden,
Erfreut im Herbste mehr als im Lenze.

Ein Zeuge sei er, wie uns mild erglänze
Die Sonne auch in diesen märkischen Landen,
Wo traubenschwer einst Bacchus Hügel standen
Und Keltern trieften neben Pflug und Sense.

Nicht wollen wir, wie einst, am Most uns laben,
Wir sind schon froh, die Traube nur zu pflücken
Und zu gesell'n sie zu Pomonas Gaben.

So wird ein kleines uns doch vom Genusse,
Den andrenorts, auf sonn'ger Hänge Rücken,
Das Füllhorn spendet, voll zum Überflusse.

(Verfasser unbekannt – veröffentlicht im Jahre 1901)

Verladung der Tienen auf Lastkähne um 1890

Die Werderischen Weinmeister

Die Weinmeister waren fast überall Lohn-Weinmeister, die laut Ordnung jedes Jahr zu Michaelis (29. September) angenommen und wieder beurlaubt werden sollten. In den Ordnungen war genau festgeschrieben, wie viel Lohn an Geld und Naturalien sie jährlich bekommen sollten. Kenntnisse und Erfahrungen dieser Weinmeister wurden Jahrhunderte lang immer wieder von den Vätern auf die Söhne übertragen. Neue Erkenntnisse und Erfahrungen konnten nur durch Weinmeister aus anderen Weinbaugebieten eingeführt werden. Colerus empfahl deshalb, die Weinherren sollten selbst wissen, wann, zu welcher Zeit und wie die Arbeiten verrichtet werden müssen, um die Arbeit der Weinmeister kontrollieren zu können; denn die Weinmeister seien oft untreue Leute.

Im Jahre 1780 hatten sich die Potsdamer Weinbergbesitzer in einem Brief an König Friedrich II. darüber beklagt, dass ihre 40 Weinmeister durch schlechte Arbeit die Weinberge ruinieren würden und erbaten vom König den Erlass einer neuen Weinmeister-Ordnung. Die Königliche Kammer forderte den Magistrat Werders auf, zu dem Antrag der Potsdamer ein Gutachten abzugeben. Werder hielt aber eine neue Ordnung unter anderem deshalb für unnötig, weil in Werder Zweidrittel der 204 Weinberge von den Besitzern selbst – also ohne Weinmeister bearbeitet wurden.

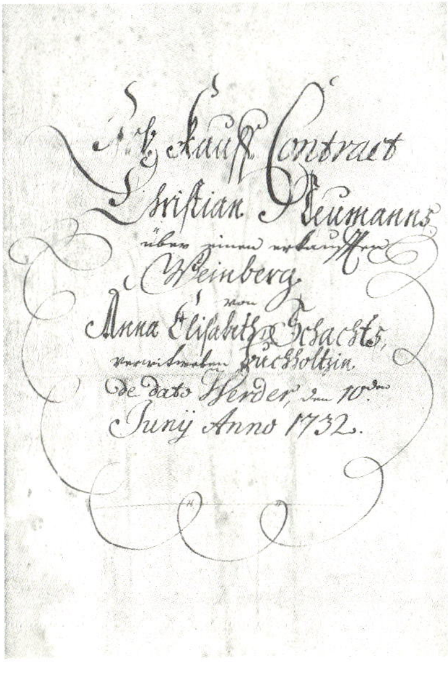
Kauff Contract
Christian Neumanns
über einen erkauften
Weinberg
von
Anna Elisabeth Schachts,
verwitweten Puchholtzin.
De dato Werder den 10ten
Juny Anno 1732.

Vertrag über den Kauf eines Weinberges durch den Weinmeister Christian Neumann 1732

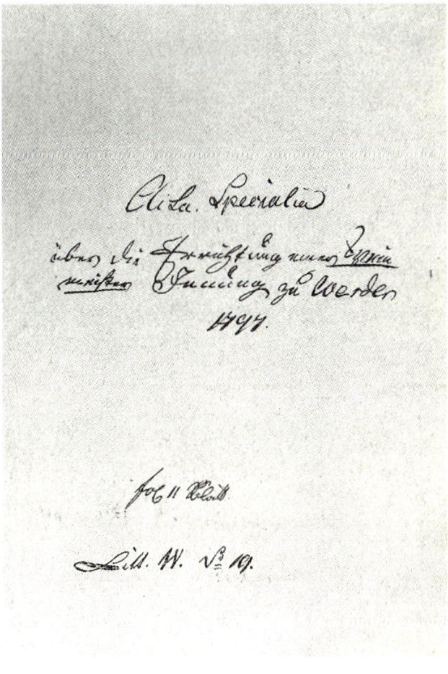
Acta Specialia
über die Errichtung einer Weinmeister Innung zu Werder
1797.
Litt. W. No 19.

Deckblatt der Akte über den Antrag der Werderschen Weinmeister zur Gründung einer Innung 1797

Weinmeisterinnung geplant

1784 waren in Werder von 192 Bürgern 30 Weinmeister. 1797 stellten diese an den Magistrat der Stadt den Antrag zur Gründung einer Weinmeisterinnung. Sie waren selbst Weinbergsbesitzer, die die Kunst der Weinmeisterei erlernt hatten und neben ihren eigenen Weinbergen vor allem die der auswärtigen Besitzer bearbeiteten. Die ersten Belege dafür, dass Weinmeister in Werder wüstes Land gekauft und darauf Weinberge angelegt hatten, sind Kaufbriefe der Weinmeister Johann Rasenacks aus dem Jahre 1721, Erdmann Lindicke 1719 und Peter Lindicke 1723.

Als Eigentümer besaßen sie ein ökonomisches Interesse an der höheren Qualität der Weinmeisterei. Hier lag ein grundlegender Unterschied zu den Potsdamer Lohnweinmeistern und eine Besonderheit des Werderschen Weinbaus.

Zweck der Innungsbildung in Werder sollte es sein, die Obst- und Weinbaukultur zu fördern und *»verderblichen Eingriffen in diese Kunst Schranken zu setzen«*. Aus der Begründung des Antrages geht hervor, dass es in der Obstbaum- und Weinzunft Werders viele Pfuschereien durch Burschen gab, die nur ein halbes oder ganzes Jahr bei einem Weinmeister gedient, sich dann selbständig gemacht, Weinberge für Tagelohn in Arbeit genommen hatten und aus Mangel an Kenntnissen mehr Schaden als Nutzen stifteten.

Die hohe Kunst

Mit der Innungsbildung sollte sich künftig nur der für einen gelernten Weinmeister ausgeben dürfen, der mindestens vier Jahre bei einem zünftigen Weinmeister die Kunst der Weinmeisterei erlernt und eine Prüfung abgelegt hatte. Vornehmlichstes Anliegen der Innung sollte es sein, sich der Veredelung der Baumzucht und des Weinstocks anzunehmen und nicht allein die eigenen Söhne, sondern auch diejenigen, welche die Weinmeisterei erlernen wollten, gewissenhaft darin zu unterrichten. Der Antrag der 30 Weinmeister zeigt, dass der Weinbau in Werder um 1797 immer noch ein großes Gewicht besaß. Von den vier Teilprüfungen, die künftig ein Weinmeister ablegen sollte, betrafen drei den Weinbau und nur eine die Obstzucht. Auf folgendem Prüfungsgebieten strebten die Weinmeister eine hohe Kunst an:

Erstens:

Den angehenden Weinmeistern sollten fünf Sorten von Weinholz vorgezeigt werden, und sie sollten sagen, welche Sorten es sind und wie schlechte durch gute Sorten ersetzt werden können.

Zweitens:

Sie sollten zeigen, wie ein neuer Weinberg das erste Mal so versenkt werden konnte, dass der neuangelegte Fuß des Weinstocks nicht beschädigt wird. Das Senken war bis Ende des 19. Jahrhunderts in der Mark die hauptsächlichste Methode zur Vermehrung der Weinstöcke, wobei gleichzeitig in das Senkloch Mist eingegeben wurde.

Drittens:

Sie sollten beweisen, dass ein Weinstock wieder aufgebaut werden kann, auch wenn er unter der Erde verfroren ist. Da auch in der zweiten Hälfte des 18. Jahrhunderts oft Weinstöcke erfroren, hing von dieser Kunst sehr viel ab.

Viertens:

Die Weinmeister sollten einen Obstbaum, der schlechte Früchte bringt, mit guten Früchten verbessern – nämlich durch Pfropfen, Kopulieren und Okulieren.

Der Antrag auf Innungsgründung ist damals nicht genehmigt worden, mit der Begründung, Wein- und Gartenbau sei ein freies Gewerbe. Die sechs großen Weinbergbesitzer Werders, die eigene Lohnweinmeister besaßen, fürchteten Nachteile durch die Zunft.

Werders Trinkweine

Auch ohne Zunft wurde in der ersten Hälfte des 19. Jahrhunderts noch stark Weinbau betrieben. Hauptzweck war der Anbau von Speisetrauben. Der Kelterweinbau war stark zurückgegangen. Trotzdem wurden 1798 noch 349 Fass Wein gewonnen. Die meisten Weinbergbesitzer kelterten nur dann, wenn die Traubenpreise zu niedrig oder die Qualität der Trauben zu schlecht war. Der Wein wurde zum Teil in Werder selbst getrunken, aber auch nach Berlin und Potsdam verkauft. Der Rest ging an Essigfabriken.

Es gab jedoch in Werder auch noch Weinbergbesitzer, die Wert darauf legten, einen guten Wein zu keltern. Der Werderaner Lehrer Oeser nennt hier vor allem den Wein des Weinmeisters Lindow, der auf dem Weinberg am Galgenberg wuchs und der in keiner Eigenschaft dem berühmten Grüneberger Wein aus Schlesien nachgestanden haben soll. Von Wilhelm Felsch erfahren wir, dass der Kaufmann August Dehnicke bis 1868 aus dem Werderschen Weinmost gute trinkbare Weine bereitete und verkaufte. Man nannte sie damals »Leichenweine«, weil sie auch zu Begräbnisfeiern den Leichenträgern ausgeschenkt wurden.

1890 gab es in Werder nur noch einen »reinen« Weinberg ohne dazwischen stehende Obstbäume. Es war der Mühlenberg auf der Insel, einer der unter dem Patronat des Klosters Lehnin errichtet worden war und sich nunmehr im Besitz des Mühlenmeisters Nettner befand. Der zweite Weinberg auf der Insel, der am Gottesberg, war nach 1828 durch die Erweiterung des Begräbnisplatzes schrittweise aufgegeben worden. 1840 hatte es hier noch zwei kleine Weinberge gegeben.

In der zweiten Hälfte des 19. Jahrhunderts vollzieht sich der vollständige Übergang vom Wein- zum Obstbau. Zu dieser Zeit war in Werder die Fläche für Obstgärten und Weinberge durch die Separation von 1839 auf 983 Morgen ausgedehnt worden. Sie hatte sich also zum Jahre 1781 mehr als verdoppelt. Der Weinbau war immer noch bedeutend, aber die wirtschaftliche Grundlage Werders bildete jetzt der Obstbau: *»Das Hauptobst sind edle Kirschen, welche in bedeutender Menge, je nach dem wie die Ernte ausfällt, nach Berlin verfahren werden und deren Ertrag die Haupteinnahme bildet.«*

236 200 Kirschbäume

Im Jahre 1878 standen in den Weinbergen und Obstgärten 236 200 Kirschbäume, daneben Zehntausende von Pflaumen-, Birnen- und Apfelbäumen, Pfirsiche, Aprikosen und sogar Feigen. Hinzu kamen Johannisbeer- und Stachelbeersträucher, Himbeeren und ganz unten die Erdbeeren. Es war ein regelrechter Dreietagenbau. Diese Veränderungen in den Weinbergen erfolgte nicht in Konkurrenz mit dem Weinbau, sondern aus ihm heraus. Die Werderschen Weinmeister waren ja die eigentlichen Begründer des Obstbaus. Sie waren die ersten Obstzüchter. In fast allen Weinbergen standen bis ins 19. Jahrhundert hinein zwischen den Weinstöcken die Obstbäume. Die reinen Weinberge – wie wir sie heute kennen – waren damals selten. Johannes Colerus hielt diese Praxis für unumgänglich, aber für den Wein wenig nützlich: *»Wer einen Weinberg bauen will, der muss einen anderen in der Tasche haben. Denn Weinberge bringen nicht alle Jahre ihrem Herrn Ertrag. Daher ist es gescheit, dass sie in ihre Weinberge allerlei Bäume und Obst setzen. Bringens nicht Wein, so bringen doch Kirschen, Nüsse, Äpfel, Birnen, Quitten und anderes Obst. Jedoch bringen solche Bäume den Weinstöcken nicht großen Nutzen. Sie nehmen den Weinstöcken die Kraft und die Sonne, die den Wein kochen und süß machen soll.«*

68 Weinmeister in Werder

In Werder ist wahrscheinlich schon zur Klosterzeit Obstbau betrieben worden, haben in oder bei den Weinbergen Obstbäume, vor allem Kirschen gestanden. Bereits nach dem 30jährigen Krieg ist belegt, dass damals die Werderschen mit ihrem Obst gehandelt haben. Nachdem König Friedrich II. nach 1740 den Werderschen den Platz an der Friedrichsbrücke in Berlin zugewiesen hatte, hat die Obstzucht in Werder durch die Weinmeister einen raschen Fortschritt gemacht. 1742 standen in Werder nach dem Frostwinter von 1740 erst wieder 630 Obstbäume. Danach nahm der Obstbaumbestand sehr rasch zu.

Die Weinmeister selbst waren die Pioniere dieser Veränderung. Auch wenn es 1797 nicht zur Gründung einer Weinmeisterinnung gekommen war, ist im 19. Jahrhundert die »Zunft« der Weinmeister ständig größer geworden. Bei der im Dezember 1849 durchgeführten Erfassung sämtlicher Zivileinwohner zu Werder gaben in der Rubrik *»Stand und Gewerbe«* 68 Personen das Gewerbe des Weinmeisters an.

Unter ihnen war auch der Vater des später berühmten Werderaner Malers Prof. Karl Hagemeister. Die Berufsbezeichnung Obstzüchter oder Obstbauer gab es noch nicht. Wie der Werderaner Obstbautechniker W. Karmann 1908 schreibt, war es noch damals Gang und Gebe, dass sich die Obstzüchter »Weinmeister« nannten.

Am 25. September 1878 kam es unter maßgeblicher Initiative alter und neuer Weinmeister wie August Fritze und Karl Puhlmann zur Gründung des *Obstbau-Vereins Werder*, der nunmehr auf neue Art und Weise auch die Tradition der Werderschen Weinmeister weiterführte. Der Grund für die Bildung war der immer schwieriger werdende Absatz des Obstes und der Weintrauben vor allem auf dem Berliner Markt. Wilhelm Felsch schreibt, dass die Werderschen bis in die 60er Jahre hinein auf dem Berliner Markt fast ohne Konkurrenz waren. Nach 1870 wurde Berlin von allen Richtungen her mit Obst und Trauben überschwemmt, und es wurde sehr hart für die Werderaner. Sie brauchten neue Ideen, wie die Qualität des Obstbaus verbessert und das Obst verarbeitet und vermarktet werden konnte. Hierzu hat der Verein Großartiges geleistet.

Das erste Baumblütenfest

Einer dieser neuen Ideen war der Vorschlag des Obstzüchters Wilhelm Wils, im Frühjahr 1879 ein Baumblütenfest in Werder durchzuführen. Seit dem wurde es alljährlich wiederkehrend zum immer größer werdenden Anziehungspunkt. Wenn man zuerst neben Bier vielleicht auch noch den eigenen Landwein und Obstsäfte ausgeschenkt hatte, nimmt in den nachfolgenden Jahrzehnten die Obstweinkelterei in Werder und der Obstweinausschank einen raschen Aufschwung. Bereits 1878 war am Wachtelwinkel unterhalb des Wachtelberges vom Weinbergsbesitzer Wilhelm Felsch, »Vater Felsch« genannt, die erste Obstweinschänke eröffnet worden. Noch in den 30er Jahren ist hier von den Nachfahren des »Vater Felsch« Obstwein gekeltert und ausgeschenkt worden.

Nach 1900, aber ganz besonders in den 20er Jahren, erlebten der Werdersche Obstwein und die Obstweinkelterei bis zur Weltwirtschaftskrise 1929 die große legendäre Blütezeit. Nach einem Zeitungsbericht vom Juni 1934 betrug das Fassungsvermögen der Obstweinfässer Werders im Jahre 1930 insgesamt 500 000 Liter. Werder besaß mit 40 000 Litern das zweitgrößte Fass Deutschlands. Zwei weitere Fässer fassten je 25 000 Liter. Die Obstweinerzeuger Werders nannten sich immer noch »Weinmeister« – genauso wie ehemals die Meister des Rebstocks und des Traubenweines.

Den Keller erst, das Dach hernach,
Das ist ein gut Gezimmer,
Im Keller Wein und Lieb im Dach,
Und Lieb und Wein für immer!
Stoßt an, so sei's für immer!

(Alter Werderscher Trinkspruch)

Erste Obstweinschänke des
»Vaters Felsch«
im Wachtelwinkel
auf einer Postkarte um 1900

Die Schänke selbst ist eine kleine Hütte, bestehend aus einem einzigen Raum mit einer Petroleumlampe, in dem ein winziges Büffet, ein Tisch und drum herum eine Bank stand.

Die kleine Hütte steht heute unter Denkmalschutz.

Weintreibhäuser

Ein weiteres Gebiet, auf dem die Tradition des Weinbaus weitergeführt wurde, war die Erzeugung von Speisetrauben unter Glas. Seit Mitte des 19. Jahrhundert sind die *Gutedel-Weinstöcke* für den Speisetraubenanbau mehr und mehr aus den Weinbergen in die Hausgärten verlegt worden. Der Absatz dieser Speisetrauben wurde jedoch immer schwieriger, weil ungarische Weintrauben auf den Berliner Markt vordrangen. Deshalb ging um 1900 die kommerzielle Erzeugung von Speisetrauben in den Hausgärten Werders stark zurück.

Um zu einem früheren Zeitpunkt mit den Trauben auf dem Markt zu sein, entstanden in verschiedenen Städten Brandenburgs Weintreibhäuser nach belgischem Muster. Nach 1906 errichtete auch in Werder (Havel) der Obergärtner Karmann im Strengfeld eine große Weintreiberei mit einer überglasten Fläche von 3 000 Quadratmetern. Mit Zustimmung des Königlichen Ministeriums für Landwirtschaft, Domänen und Forsten bezog er hierfür 2 000 veredelungsfähige, reblausresistente amerikanische Blindreben von der Staatlichen Weinbauverwaltung Freyburg, dem Vorgänger des heutigen Landesweingutes Kloster Pforta. Neben dieser Anlage gab es hier noch eine Weintreiberei des Berliner Unternehmers Kurt Berndt. Beide Anlagen sind wohl bis zum 2. Weltkrieg bewirtschaftet worden.

Kartengruß vom Baumblütenfest um 1900

Ende des kommerziellen Weinbaus in Werder

Der Weinbau in Werder ist nicht deshalb beendet worden, weil in Werder nur solcher Wein wachsen konnte, wie es der schöne Spottvers zum Ausdruck bringt, den im 16. Jahrhundert Studenten der Universität Frankfurt (Oder) gereimt hatten:

»Vinum de Machica terra
transit guttur tanquam serra«

zu deutsch:
»Märkischer Erde Weinerträge
Gehen durch die Kehle wie 'ne Säge«.

Seit dem 17. Jahrhundert ging die Rebfläche zurück und das Weinbaugebiet Brandenburg löste sich schrittweise in Weininseln auf. Am längsten ist die Weinkultur dort betrieben worden, wo der Rebstock die günstigen klimatischen Bedingungen besaß, auf sogenannten Wärmeinseln stand und die beste Pflege erhielt. Zu solchen Wärmeinseln gehörte neben Brandenburg (Havel), Potsdam, Guben, Senftenberg, Schlieben, Krossen, Züllichau und anderen Orten auch Werder an der Havel. Das belegen die Werturteile über die Werderschen Weine aus dem 17. und 18. Jahrhundert.

Vom Wein zum Bier

Was waren die Hauptgründe für die Beendigung des kommerziellen Weinbaus? Die gesellschaftliche Stellung des Weines hatte sich verändert und damit ging der Bedarf an Wein seit dem 17. Jahrhundert stark zurück. Für das 16. Jahrhundert wird geschätzt, dass damals in Deutschland der Pro-Kopf-Verbrauch an Wein bei 150 Liter lag. Im Jahre 1903 lag der Pro-Kopf-Verbrauch an Wein bei 3,5 Liter. Dafür trank man pro Kopf sechs Liter Branntwein und 125 Liter Bier.

Im Mittelalter war Landwein ein fast konkurrenzloses Lebensmittel. Seit dem 15. Jahrhundert veränderten sich die Ess- und Trinkgewohnheiten. Wein wurde zum Genussmittel der Wohlhabenden – zum Luxus. Zu den Trinkmitteln, die den Landwein verdrängten, gehörten in erster Linie die im 18. Jahrhundert aufkommenden besseren Weizen- und Gerstenbiere. 1746 gab es in Werder 19 Brauhäuser.

Konkurrent war aber auch der Branntwein, der nach 1700 zu einem Lieblingsgetränk vor allem der ärmeren Schichten wurde. Auch die Einführung solcher Kolonialgetränke wie Kaffee, Tee und Schokolade schränkte den Weinbedarf ein.

Fremdweine

Ein weiterer ernster Konkurrent des Landweines waren die sogenannten »Fremdweine«. Seitdem es möglich geworden war, stärkere und lieblichere Weine aus südlicheren Weinbaugebieten kostengünstiger einzuführen, nahm das Interesse der wohlhabenden Märker nach französischen, ungarischen, Rhein- und Moselweinen zu. Mit dem Tod des Großen Kurfürsten 1688 wurde der Landwein von der kurfürstlichen Tafel verdrängt. Der Adel eiferte dem nach.

Das Interesse an *Fremdweinen* führte auch dazu, dass der Weinhandel die märkischen Landweine, auch die Werderschen, billig aufkaufte, nach Hamburg verschiffte, dort mit französischen Weinen verschnitt und dann als französische Weine wieder in die Mark teuer einführte. Vielfach wurden die Landweine auch im Lande selbst verfälscht und als *Fremdwein* teuer verkauft. Dekrete gegen die Weinfälscher durch den Soldatenkönig 1718 und 1722, Einfuhrverbote für *Fremdweine* durch Friedrich II. 1777 sowie Schutzzölle auf *Fremdweine* blieben wirkungslos. Mit der Gründung des *Deutschen Zollvereins* 1834 fielen die letzten innerdeutschen Zollschranken. Der brandenburgische Landwein war nunmehr der Konkurrenz der unter günstigeren Bedingungen erzeugten süd- und westdeutschen Weine voll ausgesetzt. Der Ausweg wäre gewesen, den Landwein auf das Niveau eines Qualitätsweines zu heben und die Kosten zu senken.Der Bedarf an Landwein nahm ab und gleichzeitig wuchs der Bedarf an frischem Obst und Speisetrauben.

Rentabilität

Der Werdersche Weinbau wurde aufgegeben, weil er im Vergleich zum Obstbau zu unrentabel geworden war. Der Königliche Potsdamer Hofgärtner Salzmann hatte 1792 in einem Vortrag vor der Königlichen märkischen ökonomischen Gesellschaft zu Potsdam zum Thema *Können unsere Weinberge verbessert werden? Kann ihr Ertrag gesichert und erhöht werden und wie ist es möglich zu machen?* einleitend erklärt: »*Unsere Weinberge sind zum Teil von ansehnlicher Große, erfordern viel Arbeit und Dünger und verursachen große Kosten. Ob sie ihren Eigentümern verhältnismäßigen Gewinn gebracht haben, werden diese am besten wissen.*«

Im Vergleich mit südlicheren Weinbaugebieten und zum Vergleich mit dem Werderschen Obst, vor allem mit der Kirsche, haben die Weinerträge in zu vielen Jahren die Kosten nicht gedeckt. In dem im Jahre 1854 durch Berghaus herausgegebenen Landbuch der Mark Brandenburg und der Niederlausitz heißt es über Werder: »*Der Weinbau (...) ist immer noch bedeutend; allein nur zu häufig kommen Missernten vor in dem der Weinstock entweder erfriert oder die raue, ungünstige, nasse Witterung während der Blütezeit die Hoffnungen zerstört oder der Wein wegen mangels an heiterem, ungetrübten Himmel zur Zeit der Zuckerstoffentwicklung nicht zur vollkommenden Reife gelangt und dann höchstens nur zu Essig benutzt werden kann. Am meisten noch wird die Traube auf den Berliner Markt gebracht.*«

Kalte Winter

Die Hauptschuld an diesen Missernten hatten vor allem die zu kalten und langen Winter, in denen die Weinstöcke erfroren, einen zu späten Austrieb bewirkten und damit die Vegetationsphase verkürzten. Um die Rebstöcke vor dem Erfrieren im Winter zu schützen, hatte man bis ins 20. Jahrhundert hinein in vielen Gebieten Deutschlands die Praxis des Zudeckens der Reben beibehalten. In jedem Herbst wurden nach der Lese die Reben von den Pfählen gelöst, flach gelegt und zugedeckt und die Pfähle gezogen – ein hoher Arbeitsaufwand. Dennoch hatten die Weinberge in Werder und der ganzen Mark auch nach dem Frostwinter 1740 sehr oft unter den tiefen Wintertemperaturen, Spät- und Frühfrösten gelitten. Dabei gab es in ganz Deutschland in der 2. Hälfte des 18. Jahrhunderts ungewöhnlich viele Jahre – elf von 50 – mit außerordentlich starken Frösten und großen Frostschäden in den Weinbergen. Und in den 25 Jahren zwischen 1775 und 1799 gab es mit sieben bitteren Frostjahren eine regelrechte Konzentration solcher Jahre.

Die Tabelle zeigt die Auswirkungen der langanhaltenden und starken Fröste auf die Weinerträge Werders. Die Frosttage und Temperaturen wurden in Berlin gemessen. Die Weinerträge und Weinpreise sind der alten Werderschen Registratur entnommen.

Jahr	Frosttage	Tiefsttemp.	Weinerträge: Fass / hl	Preis an der Presse in Taler
1775/76	76	-22,2° C	keine Angaben	keine Angaben
1783/84	127	-18,0° C	keine Angaben	keine Angaben
1784/85	140	-23,8° C	16/33	8 bis 10
1788/89	118	-25,8° C	42/86	13
1791/92	keine	Angaben	11/0,7	12 bis 18
1794/95	105	-22,2° C	keine Angaben	12 bis 18
1798/99	123	-23,3° C	48/99	12 bis 18

In dem mittelguten Weinjahr 1798 wurden 349 Fass (719,3 hl) gekeltert. Leider sind die Auswirkungen auf die Speisetraubenerträge unbekannt. Der Winter von 1788/89 verursachte einen Verlust an Obst und Wein von 11 100 Taler.

Der Märkische Sand

Auch der märkische Sandboden hatte seinen Anteil daran, dass die Weinerträge in Werder nicht mit denen aus südlicheren Weinbaugebieten konkurrieren konnten. Der Vorteil des Sandbodens ist, dass er sich schnell erwärmt und in warmen Jahren das Ausreifen der Trauben begünstigt. Jedoch wuchsen auf diesen klaren Sandhügeln nur leichte Weine, die keine *»zusammenziehende Säure«*, sondern *»angenehme Lindigkeit«* besaßen. Während das früher als Vorzug galt, bevorzugte man seit dem 18. Jahrhundert vor allem alkoholstarke und kräftige Weine.

Ein weiterer Nachteil des Sandbodens ist seine Nährstoffarmut, weshalb er wenig Ertrag brachte beziehungsweise viel Dünger brauchte, insbesondere

Schaf- oder Kuhmist. Die Weinbergbesitzer Werders hatten kaum eigene Viehzucht. Der Mist musste angekauft werden. Da dieser immer teurer wurde, zählt der Berliner Geograf Büsching dieses Dilemma zu den Ursachen der *»Verschlimmerung«* des Werderschen Weinbaus: *»Die Weinberge sind zwar mehr geworden, aber die Viehzucht hat abgenommen: Also fehlt es an Dünger, und ein mittelmäßiges Fuder Mist kostet einen Taler, kommt auch wohl, wenn der Weinberg etwas entfernt ist, noch einige Groschen höher zu stehen«.*

Veraltete Anbauweisen

Der märkische Weinbau wurde unrentabel, weil im Weinberg mit veralteten Anbauweisen gearbeitet wurde. Nachdem der Landesherr den einheimischen Weinbau nicht mehr förderte, waren die Weinbergbesitzer auf sich allein gestellt. Um selbständig Verbesserungen einzuführen, fehlte es den einfachen Bürgern und Bauern an Zeit und Kenntnissen. 1792 hatten sich deshalb Weinsachverständige der Königlichen märkischen ökonomischen Gesellschaft zu Potsdam über den Zustand des einheimischen Weinbaus verständigt und Veränderungen vorgeschlagen. Zu ihnen gehörten die Königlichen Hofgärtner Salzmann und Sello, der Potsdamer Weinbergbesitzer und Kaufmann Dickow, die Herren Thiele und Kletschke. 1798 hat Prof. Hausen von der Universität Frankfurt (Oder) diese Vorschläge in seinem Weinbuch veröffentlicht, zum Beispiel zu den Obstbäumen in den Weinbergen: Büsching stellte bei seinem Besuch in Werder 1775 kritisch fest, dass es *»dem Weinstock nicht vorteilhaft* [ist], *dass zwischen denselben nicht nur Obstbäume gepflanzt sind, sondern auch Erdäpfel und andere Gewächse gebauet werden. Da aber die Obstbäume fast mehr einbringen als die Weinstöcke, so achtet man den Schaden nicht, welche die ersten den letzten verursachen«.* Hofgärtner Salzmann hatte vorgeschlagen, die Obstbäume und Weinstöcke im Weinberg nach bestimmten Gesichtspunkten getrennt anzubauen.

Bezüglich der Rebsorten bemängelte er, dass in allen Weinbergen zu viele Sorten standen und dabei auch solche, *»die in der Mark auch in mittelmäßigen guten Jahren nur sauren Most bringen.«* Man rechnete ca. 150 Sorten. Sachverständige sollten mit den Weinbergbesitzern wenige der besten Sorten auswählen.

Die Anordnung der Weinstöcke sollte verbessert werden. Es war damals üblich, dass die Weinstöcke und Sorten im reihenlosen gemischten Satz durcheinander standen – auch in Werder. Salzmann schlug vor, alle Weinstöcke in geraden Reihen und mit genauen Abständen zu pflanzen und die einzelnen Sorten getrennt anzubauen, wie das heute in den Weinbergen üblich ist.

Das Senken der Weinstöcke als damals übliche Methode der Düngung und Verjüngung sollte abgeschafft werden. Dafür wollte man Rebschulen anlegen, in denen von den besten Sorten Ableger und Schnittholz herangezogen werden sollte.

Fehler beim Keltern

Große Fehler wurden beim Keltern der Trauben begangen. In dem bereits genannten Landbuch der Mark Brandenburg und der Niederlausitz von 1854 heißt es, dass *»der Werdersche Weinbau stehen geblieben* [ist], *wo er vor hundert Jahren stand. Zwar fehlt es der Rebe nicht an Pflege und an Nahrung durch reichliche Düngung, aber man treibt das Keltern der Trauben jetzt wie damals; man presst alles durcheinander, ohne Sortierung der verschiedenen Spielarten, ohne Sondierung der besseren von den schlechteren Trauben, immer mit den Stengeln und Kernen. Bei einer solchen Behandlung der Frucht des Weinstocks kann es nicht fehlen, dass das Werdersche Gewächs selbst in günstigsten Jahren, wie u. a. das 1834 Gewächs stets ein herber Rebensaft bleiben muß.«*

Dabei ist belegt, dass man im 16. und 17. Jahrhundert die Kunst des Kelterns in der Mark besser beherrschte. Das zeigen die Weinbücher von Colerus und Elßholtz und Anweisungen des Großen Kurfürsten für die Weinlese. Jedoch enthielten die brandenburgischen Weinmeisterordnungen keine Festlegungen zur Lese, zum Keltern und zur Behandlung des Mostes im Keller. Da die Qualität des Werderschen Weines, vor allem des Rotweines, bis Mitte des 18. Jahrhundert wiederholt gelobt wurde, ist anzunehmen, dass auch in Werder damals die Kunst des Kelterns besser beherrscht und nicht alles durcheinander gepresst wurde.

Die Fehler beim Keltern traten zwangsläufig mit dem Übergang zum Speisetraubenanbau nach 1740 ein. Die Weinmeister-Ordnung von 1578 hatte es untersagt, vor der Lese Trauben zum Verzehr abzunehmen. In Werder mussten die besten und reifsten Trauben als Speisetrauben zum Verkauf abgeschnitten werden. In die Kelter gelangte nur noch die zweite Qualität. Diese Praxis wird erstmals 1775 durch Büsching öffentlich gemacht. *»Es wird rother und weißer Wein gebauet, von jeder Gattung gibt es verschiedene Arten. Wenn diese Arten voneinander abgesondert würden, wenn man eine je besonders pressete, wenn man weder die besten Trauben abschnitte und verkaufte, noch die Stengel und Kerne, (welche einen herben Saft verursachen,) zerquetschte; so würde der hiesige Wein weit besser sein, als er jetzt ist. Man gehet aber nicht gern von der hergebrachten Weise ab, so unvernünftig sie auch sein mag.«*

Alles Essig

Von dieser fehlerhaften Praxis ging man auch deshalb nicht ab, weil unter dem Soldatenkönig Friedrich Wilhelm I. in verschiedenen Orten Brandenburgs Weinessigfabriken entstanden waren. Die größte Fabrik war die in Zossen, die jährlich für 5 000 Taler Essig fabrizierte. Diese kaufte auch den minderwertigen Most Werders. In den 80er Jahren war jedoch offensichtlich der Bedarf gedeckt – auch durch die vielen neuen Frucht- und Kunstessige. Die Essigfabrikanten nahmen immer weniger Traubenmost ab. Deshalb beauftragte König Friedrich II. am 18. März 1783 die Kurmärkische Kammer, *»die konzessionierten Weinessig-Fabrikanten dahin anzuhalten, dass sie den Weinbauern ihre Weine abkaufen, wenn sich finden sollte, dass die Weine wegen Mangel der Nachfrage unverkauft liegen geblieben.«*

Mangelnde Veredelung

Ein weiterer Fehler bestand darin, dass nach dem Keltern eine Veredelung der Weine im Keller gänzlich fehlte bzw. davon nur geringer Gebrauch gemacht wurde. Prof. Hausen bewertet diesen Mangel als eine Hauptursache des Niedergangs des märkischen Weinbaus. Er schreibt: *»Die Weine um Potsdam und Werder, wenn sie überall von der Kelter aus behandelt werden, könnte man den gewöhnlichen französischen Weinen völlig gleichhalten.«* Hausen stützt sich hierbei auf einen Vortrag des Potsdamer Weinbergbesitzers und Kaufmanns Dickow.

In Werder hat es damals Weinbergbesitzer gegeben, die ihre Weine guter Jahrgänge kellermäßig ausbauten und dadurch einen höheren Gewinn erzielten. Das betraf vor allem den Jahrgang 1783, der an der Presse 15 Taler erhalten hatte und für den man im Jahre 1784 bereits 20 Taler und später über 30 Taler bezahlte. Das gleiche betraf den Jahrgang 1798, für den nach einigen Jahren Behandlung bis zu 40 Taler gezahlt wurden.

Ab in den Keller

Die meisten Weinbergbesitzer Werders haben ihren Most sofort von der Presse weg an die Weinhändler und Weinessigfabrikanten verkauft. Je nach Jahrgang erhielten sie zwischen fünf und 18 Taler für das Fass zu 180 Quart (206 Liter). Dazu wurden sie auch deshalb gezwungen, weil nach dem Tod des Großen Kurfürsten die *Impost* (Weinsteuer) direkt und sofort an der Presse an den Steuereinnehmer gezahlt werden musste. Wenn man den Kelterweinbau hätte erhalten wollen, hätte man unbedingt zur kellermäßigen Behandlung der Weine übergehen müssen. Deshalb unterbreitete Prof. Hausen am Schluss seines Buches über den Weinbau der Mark Brandenburg von 1798 den Vorschlag, eine neue Weinmeisterordnung zu erlassen, in der auch die Anforderungen an die Weinlese, das Keltern und die Behandlung des Mostes und des Weines im Keller genau bestimmt werden sollten.

Alle diese Vorschläge sind damals nicht in Angriff genommen worden. Im Jahre 1806 besetzten die Truppen Napoleons Brandenburg-Preußen.

Nach dem Krieg standen andere Aufgaben im Mittelpunkt. Erst 1890 sind durch den damals gegründeten *Ostdeutschen Weinbauverein* diese Anliegen wieder aufgegriffen worden. Doch da gab es in Werder schon keinen kommerziellen Kelterweinbau mehr.

Das Traubenmotiv ist Teil einer Zaunanlage am Obstbaummuseum Werder. Es ist eine sehr alte Anlage, die 1996 vom Werderschen Kunstschmiedemeister Rüdiger Wolf restauriert und erweitert wurde.

Neuanfang 100 Jahre später

Der Wachtelberg gehörte zu den beiden großen Bergen Werders, dessen Hänge vor allem nach Süden und Osten hin im 17. und 18. Jahrhundert vollständig mit Weinreben bestockt waren, bis sie mehr und mehr von Obstbäumen und Beerensträuchern verdrängt wurden. In den 50er Jahren des gerade zu Ende gegangenen Jahrhunderts standen immer noch viele sehr alte Weinstöcke der Rebsorte *Gutedel*. Die meisten sind im Winter 1955/56 erfroren. Jedoch gab es auch in den 70er Jahren noch einige Stöcke, die Trauben trugen.

GPG Obstproduktion Werder

Die Besitzer dieser Flächen am Wachtelberg waren seit altersher meist kleine Obst- und Gartenbaubetriebe. Zwischen 1958 und 1960 entstanden im Raum Werder mehrere *Gärtnerische Produktionsgenossenschaften (GPG)*, in die auch diese Besitzer mit ihren Flächen unter starkem gesellschaftlichem Druck eingegliedert wurden.

Ältester Weinstock am Wachtelberg,
im Besitz der Familie Dietrich.
Jedes Jahr trägt er bis zu zehn Kilo Trauben.
Eine Bestimmung des Alters steht noch aus.

In den 60er Jahren sind diese Flächen noch genossenschaftlich bewirtschaftet worden. Nach dem sich 1976 mehrere GPGs zu Großgenossenschaften mit über 1 800 Hektar Fläche zusammengeschlossen hatten, wurden die schwieriger zu bewirtschaftenden Flächen – wie der Wachtelberg – nicht mehr genutzt und lagen brach. 1983 forderte die Stadt Werder (Havel) die *GPG Obstproduktion Werder* auf, diese Flächen landwirtschaftlich zu nutzen. Als Nutzungsvarianten wurden Sanddorn, Wildrosen und Wein geprüft. Um die historischen Wurzeln des Werderschen Obstbaus wieder stärker in Erinnerung zu bringen, wurde im Frühjahr 1984 durch den Vorstand der Genossenschaft die Grundsatzentscheidung gefällt, auf einer Fläche von 4,79 Hektar wieder Wein anzubauen.

Nach einem Erfahrungsaustausch mit Winzern der *Sächsischen Winzergenossenschaft Meißen* und umfangreichen Rekultivierungsmaßnahmen im Jahre 1984 bestockte die GPG den Weinberg bis 1987 schrittweise mit insgesamt 17 200 Pfropfreben vor allem der Rebsorte *Müller-Thurgau.*

274 FlaschenWein

Es können wohl nur Bürger der ehemaligen DDR verstehen, mit welchen Schwierigkeiten die Errichtung dieser Anlage verbunden war. Wo bekommt man zum richtigen Zeitpunkt die sehr große Anzahl reblausresistenter Pfropfreben her? Wer übernimmt die Lieferung der 3 500 Betonsäulen für das Drahtrahmengerüst? Die Aufgaben wurden gelöst. Im September 1987 fand auf einem Teilstück die erste Weinlese statt. Das Ergebnis waren 342 Kilogramm Trauben, die 274 Flaschen Wein ergaben. Die erste Lese von allen Weinstöcken begann am 12. September 1989 und brachte ein Ergebnis von 22 740 Kilogramm vollreifer gesunder Trauben mit einem Mostgewicht von 70° Oechsle. In den ersten Jahren wurden die Trauben in der *Sächsischen Winzergenossenschaft Meißen* gekeltert und ausgebaut und 1989 bereits probeweise 7 600 Kilogramm im damaligen *Staatsweingut Naumburg,* dem heutigen *Landesweingut Kloster Pforta.*

Viele Werderaner, vor allem diejenigen, die damals die Entscheidung zur Wiederaufrebung des alten Weinberges unterstützt hatten, waren über das Ergebnis, das auf dem Weinberg gewachsen und in Flaschen gefüllt war, zurecht sehr stolz.

Absatzprobleme für diesen Wein gab es nicht. Das *Interhotel Potsdam* (heute *Mercure*) und der *Klosterkeller* gehörten zu den ersten Gaststätten in Potsdam, die den Wein verkauften.

Frauen bei der Weinlese des Jahrgangs 1989

Vollreife Trauben

Flasche und Weinetikett vom Jahrgang 1989

Nach der Wiedervereinigung

Nach der Wiedervereinigung Deutschlands mussten Vorstand und Mitglieder der GPG sowie die Stadtverordneten Werders Grundsatzentscheidungen treffen: Erhaltung oder Beseitigung des Weinberges?

Im Januar 1991 fasste die Mitgliederversammlung der *GPG Obstproduktion* den Beschluss zur Auflösung der GPG. Der Boden, das heißt die 22 Parzellen des Weinberges, gehörte 13 Grundeigentümern. Ein Teil wollte nunmehr über ihn anderweitig verfügen und war für die Beseitigung, andere jedoch für die Erhaltung des Weinberges. Bestand die reale Möglichkeit, den Weinberg zu erhalten? Mit der Einheit Deutschlands galt für die Weinlage *Werderaner Wachtelberg* das Deutsche Weinrecht. Würde es möglich sein, hier – jenseits der Polargrenze des Weinbaus – einen Wein zu erzeugen, der die hohen Anforderungen an einen deutschen Qualitätswein erfüllt und sich in der Konkurrenz behaupten kann? Würden sich genügend Käufer finden, die den Wein zu einem zwar kostendeckenden, aber nicht gerade niedrigen Preis kaufen? Würde man einen Winzer finden, der den Weinberg auf eigenes Risiko bewirtschaftet?

Anbaugebiet Saale-Unstrut

Der mit der Auflösung der GPG beauftragte Vorstand und die Stadt Werder entschieden sich für die Erhaltung des Weinberges. Im Jahre 1991 erfolgte die Eintragung der Weinbergslage *Werderaner Wachtelberg* unter der Rubrik »großlagenfrei« in die Weinbergsrolle des »Bestimmten Anbaugebietes Saale-Unstrut«. Gleichzeitig wurde der Weinberg zum Anbau von Qualitätswein zugelassen.

Im Dezember 1991 wurde in einem Gutachten der *Landes-Lehr- und Versuchsanstalt für Landwirtschaft, Weinbau und Gartenbau Bad Kreuznach* zur *»weinbaulichen Bewertung der Rebfläche Wachtelberg«* begründet, dass sich der Standort für Weinbau eignet. Dem Weinberg wurde auf Grund der Einmaligkeit des Weinbaus in der Region das Prädikat »schutzwürdig« erteilt. Im Gutachten wird festgestellt, dass es bei Temperaturverlauf und Sonnenscheindauer in der Vegetationsphase und der Jahresniederschlagsmenge keine wesentlichen Unterschiede zu Würzburg oder Ahrweiler gibt. Nachteile sind die tieferen Wintertemperaturen und damit die größere Möglichkeit von Frostschäden, der etwas spätere Austrieb und die hiermit verbundene kürzere Vegetationsphase. Eine sehr günstige Bedingung bestehe darin, dass Werder von großen Wasserflächen der Havel und dreier Seen umgeben ist, die auf das Kleinklima temperaturausgleichend wirken und die Gefahren der in Brandenburg allgemein gefürchteten Spät- und Frühfröste stark abschwächen. Als eine günstige Besonderheit Werders für den Weinbau bewertet das Gutachten den märkischen Boden: Es ist ein reiner, tiefgründiger Sandboden, der im trockenen Zustand fast an eine Stranddüne erinnert und sehr leicht erwärmbar ist, was die weinbauliche Eignung entscheidend verbessert. Allerdings ist der Sandboden sehr nährstoffarm und besitzt eine sehr geringe Wasserhaltekapazität.

Moderne Rebenzüchtung

Noch vor 200 Jahren waren die Werderschen Weinmeister auf sich allein gestellt. 1798 hatten zwar Prof. Hausen, Hofgärtner Salzmann und Kaufmann Dickow unter anderem die Gründung einer Gesellschaft von Weinsachverständigen vorgeschlagen. Sie kam aber nicht zustande. Neue Erkenntnisse über den Weinbau gelangten nicht bis Werder. Der seitdem vollzogene gesellschaftliche Fortschritt und hier insbesondere der Erkenntnisfortschritt im Weinbau macht es den modernen Weinmeistern von heute viel eher möglich, in Werder (Havel) Qualitätsweine zu erzeugen. Dabei geht es vor allem um die Rebenzüchtung. Die zahlreichen Institute für Rebenforschung stellen heute züchterisch bearbeitete Rebsorten zur Verfügung, von denen einige gegenüber der *Peronospora* (falscher Mehltau) resistent sind oder die den natürlichen Bedingungen Brandenburgs weitaus besser entsprechen. Die Rebsorte *Müller-Thurgau* gab es damals noch längst nicht. Heute werden die Reben an modernen Drahtrahmen wie an einem Spalier gezogen und die Holzpfähle müssen nicht jeden Herbst herausgezogen werden.

Die Kellermeister

Die Fortschritte betreffen auch die Behandlung des märkischen Bodens, neue Möglichkeiten der Rebkrankheits- und Schädlingsbekämpfung und nicht zuletzt die Kunst des Kelterns und der Behandlung des Mostes und der Jungweine im Keller. Es ist von großem Nutzen für Werder, dass die Trauben seit 1990 im Landesweingut Kloster Pforta von erfahrenen Kellermeistern gekeltert und ausgebaut werden. Dieses Weingut bekam 1993 den Namen *Kloster Pforta* verliehen, weil sein Wirken auf vielfältige Weise mit dem Erbe des berühmten Zisterzienser-Klosters Pforta verwurzelt ist. Hierzu gehört, dass es heute mit sieben Hektar den größten Anteil an dem ersten Weinberg des Klosters besitzt – an dem *Pfortenser Köppelberg*. Werder erhält heute sowohl vom Landesweingut als auch vom Weinbauverband Saale-Unstrut in vielen Fragen der Weinbergarbeit wertvolle Unterstützung.

Keltern und *Ausbau*:

Keltern ist das Auspressen des Saftes aus den Trauben, beim Weißwein noch vor und beim Rotwein nach der Gärung.

Unter *Ausbau* des Weines verstehen die Fachleute die Kunst des Kellermeisters, aus dem Jungwein nach der Gärung einen reifen und stabilen Wein zu bereiten, das heißt die in der Traube enthaltenen wertvollen Inhaltsstoffe auch in den Wein zu bringen. Dieser Vorgang dauert mehrere Monate oder auch Jahre.

Potsdamer Landkurier

Im Wein soll die Zukunft des Werderaner Wachtelberges liegen

Stadt hat Rebstöcke erstmal gekauft / Pächter wird gesucht

Werder. „Werderaner Wein muß wie eine Säge durch die Kehle gehen." So veranschaulicht ein altes Sprichwort die Qualitätsparameter für den edlen Rebensaft im nördlichsten Weinanbaugebiet Europas.

Bereits im 15. Jahrhundert waren die Winzer auf dem Wachtelberg aktiv, im 19. Jahrhundert lief der Weinanbau dann aus.

Anno 1984 beherbergte der Weinberg noch schlecht gepflegte Mischobst-Anlagen. Ein Schandfleck in den Augen der Werderaner. Günther Habenicht, stellv. Vorsitzender der GPG (O) Werder i. L., erinnert sich: „Die GPG war Nutzer der Flächen. Angesichts der Hanglage lohnte sich aber eine Großproduktion nicht. So wurde überlegt, auf der Fläche Sanddorn anzubauen. Doch letztlich siegten die Vorstellungen, entsprechend der Historie den Weinanbau wieder aufleben zu lassen." Ökonomische Gesichtspunkte hätten eine Nebenrolle gespielt. Mit einem Investitionsvolumen von 1,2 Millionen Ost-Mark wurde ein 4,5 ha großes Areal hergerichtet.

Günther Habenicht rechnet für 1993 mit einer guten Lese: „Wir hoffen auf einen Ertrag von mindestens 20 bis 30 Tonnen." Dies entspräche etwa 20 000 Flaschen.

Trotzdem sieht es mit dem Weinanbau heute nicht allzu rosig aus. Zwar „schreibt der Berg" schwarze Zahlen, den Segen der Europäischen Gemeinschaft hat er ebenfalls, doch die GPG steht kurz vor ihrer Auflösung.

Per notariellem Vertrag hat die Stadt Werder von der GPG erstmal die Rebstöcke auf dem privaten Grund des Wachtelberges für eine symbolische Mark gekauft. Wie es weitergehen soll, weiß Bürgermeister Werner Große noch nicht so genau: „Wir wollen, daß der Weinberg erhalten bleibt als eine kleine Attraktion für die Stadt." Nun wird ein Pächter gesucht, der ein Herz für die Tradition hat.

Mit den Grundeigentümern gab es 1992, trotzdem die Bewirtschaftung der Fläche nach dem Landwirtschaftsanpassungsgesetz erfolgte, Probleme. Sie sperrten Teile des Berges, so daß die Pflege der Weinstöcke nicht durchgeführt werden und lediglich eine Noternte erfolgen konnte. Nur 12 000 Flaschen „Müller-Thurgau" kamen letztlich auf den Markt. Große betonte aber: „Wir sind als Stadt an einer einvernehmlichen Lösung mit den Eigentümern interessiert."

Gespräche gehen in die Richtung, entweder die Flächen zu kaufen, anzupachten bzw. den 12 Eigentümer Tauschflächen anzubieten, auf denen sie bauen könnten. In Vorbereitung befinde sich ein Bebauungsplan für das Berg-Areal, der u. a. die Errichtung eines Weinrestaurants mit Pension sowie Verarbeitungsanlagen (Presserei) vorsieht.

Da sich die seperate Kelterei der geringen Traubenmenge nicht lohnt, erfolgt sie im Landesweingut Naumburg. Das Prädikat Qualitätswein zeigt, daß das eingangs angeführte Sprichwort nicht gar so wörtlich zu nehmen ist. Und so war der „Müller-Thurgau" als Rarität schon immer heiß begehrt, ging zu DDR-Zeiten unter der Hand weg. An der Beliebtheit hat sich heutzutage nichts geändert.

Der Rebensaft ist schnell vergriffen. Bürgermeister Große selbst hat im Amtsschrank immer ein paar Flaschen für honorige Gäste der Havelstadt zu stehen. Doch er bedauert: „Auch die vom 92er Jahrgang sind mittlerweile alle."

Andreas Kaatz

Die Märkische Allgemeine vom 17. Juli 1993 zum Weinberg.

Landesweingut Kloster Pforta an den Saalhäusern.

An die Stadt

Nach dem aufgrund des Gutachtens von Bad Kreuznach die Rebfläche am Wachtelberg das Prädikat »schutzwürdig« erhalten hatte, wurde 1992 durch das Landratsamt Potsdam versucht, den Weinberg in Werder unter Denkmalschutz zu stellen. Ein Jahr später, am 28. Juni 1993, übertrug die *GPG Obstproduktion Werder i. L.* (in Liquidation) kostenlos ihr Eigentum an die Stadt Werder (Havel): 17200 Rebstöcke, das Gerüst, das Weinbergsgebäude und die 1 600 Meter lange Zaunanlage. Die Stadt bekundete ihren Willen, den Weinberg zu erhalten, die Anpflanzungen zur Sicherung des Bestandes zu verpachten, um so die weitere Nutzung sicherzustellen.

Wer bewirtschaftet den Berg?

Mit dieser bedeutsamen Entscheidung war jedoch eine Frage noch nicht beantwortet: Wer würde den Weinberg in Pacht nehmen, auf eigene Kosten bewirtschaften? 1992/93 waren bereits ernste Rückstände bei der Pflege eingetreten. Hier gebürt dem Obstbauingenieur Burkard Polz aus Werder das Verdienst, dass er ab Januar 1994 diesen Weinberg als Pächter übernahm und ihn neben seinem eigenen Betrieb bewirtschaftete. 1994 brachte er die erste Lese nach der Privatisierung ein.

1995 traten jedoch viele unvorhergesehene Schwierigkeiten bei der Bewirtschaftung des Weinberges auf. Der Absatz des Weines erwies sich als schwierig, weil der Wein sich noch keinen Markt erobert hatte und es keine Erfahrungen für die Vermarktung gab. Hinzu kam, dass 1995 der Weinberg durch *Peronospora* (falscher Mehltau) mit einer solchen Wucht befallen wurde, dass es zum Totalverlust des Jahrganges 1995 kam.

Werdersches Urgestein

In dieser Situation ergriffen im November 1995 der Bürgermeister der Stadt Werder (Havel), Werner Große und Burkard Polz die Initiative zur Gründung des *Vereines zur Förderung des historischen Weinbaus im Raum Werder (Havel) e. V.*. Gleichzeitig übernahm das Mitglied des Vereines, Obstbauberater Dr. Manfred Lindicke, ab Januar 1996 den Weinberg in Pacht. Die Lindickes gehören zum alten Werderschen Urgestein. Die Vorfahren gehörten im 18. Jahhundert zu jenen Weinmeistern Werders, die wüstes Land kauften und darauf einen eigenen Weinberg anlegten. In allen Jahren gehörten sie zur »Zunft« der Weinmeister bzw. Obstzüchter. Dr. Manfred Lindicke ist entschlossen, mit Unterstützung des Fördervereines Weinbau an diese Traditionen anzuknüpfen und sie fortzuführen (s. a. Kapitel *»Die Arbeit im Weinberg«*).

Der Zuckergehalt

Dass in Werder gute trinkbare Qualitätsweine gewonnen werden können, zeigt sich im Zuckergehalt der Trauben, der bei der Lese mit der Mostwaage gemessen und in Grad Oechsle ausgedrückt wird. Je süßer der Most ist, desto schwerer ist er im Vergleich zum Wasser. Davon ging vor 150 Jahren der Goldschmied Ferdinand Oechsle aus, als er die Gradeinteilung auf seiner Mostwaage zur Messung des Zuckergehaltes im Most erfand und die wir heute als Grad Oechsle bezeichnen. Ein Liter Most, der 58 Gramm schwerer ist als ein Liter Wasser, hat 58° Oechsle. Das ist die Mindestanforderung an einen Qualitätswein im Saale-Unstrut-Gebiet. Die Mindestanforderungen für Prädikatsweine sind bei *Kabinet* 75°, *Spätlese* 85°, *Auslese* 95°, *Beerenauslese* und *Eiswein* 120° und *Trockenbeerenauslese* 150° Oechsle. Alle bisherigen Jahrgänge lagen zwischen 58° und 85° Oechsle. Zu den besten Jahrgängen zählte der 96er *Müller-Thurgau* trocken, der mit 80° Oechsle einer der besten ostdeutschen Weine war und auf der Landesweinprämierung des Landes Sachsen-Anhalt 1997 einen Bronzenen Preis erhielt sowie der 99er *Müller-Thurgau* halbtrocken, der mit 76° Oechsle einen Silbernen Preis bekam.

Mehr Säure

Seit dem Botaniker Elßholtz (1684) ist bekannt, dass die hiesigen Sandberge vor allem milde Weine hervorbringen, das heißt Weine mit einer geringen Säure. Bei den Weinen, die nach 1987 hier gelesen wurden, ist das noch durch die säurearme Rebsorte *Müller-Thurgau* verstärkt worden.

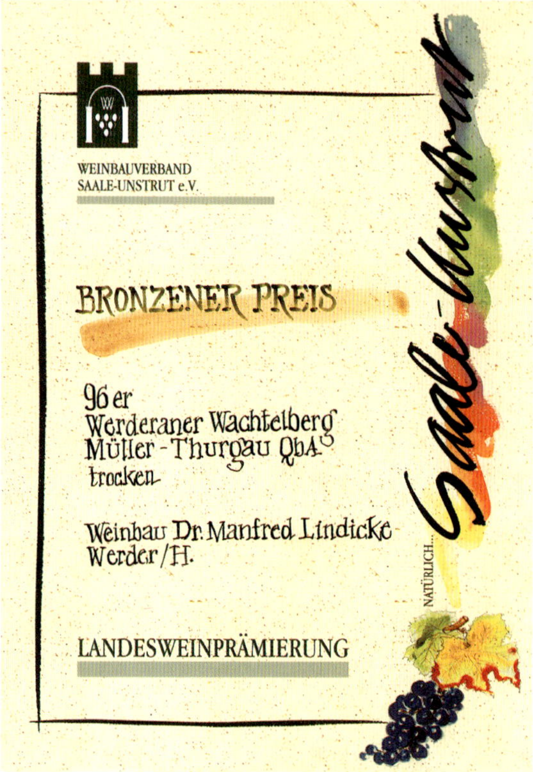
WEINBAUVERBAND
SAALE-UNSTRUT e.V.

BRONZENER PREIS

96 er
Werderaner Wachtelberg
Müller-Thurgau QbA
trocken

Weinbau Dr. Manfred Lindicke
Werder/H.

LANDESWEINPRÄMIERUNG

NATÜRLICH...
Saale-Unstrut

Der Bronzene Preis
der Landesweinprämierung
Sachsen-Anhalt
für den Jahrgang 1996

Weinlese des Jahrgangs 1996.
Der Vorsitzende
des Fördervereins Weinbau,
B. Polz,
und der neue Pächter,
Dr. Lindicke
bei der Begutachtung
des Lesegutes.

Pflanzung der ersten
Rotweinreben
am 9. Juni 1997

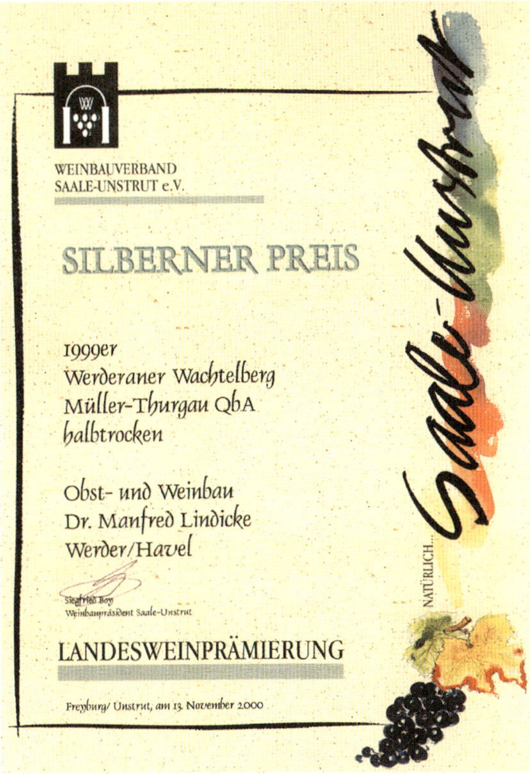

Der Silberne Preis der Landesweinprämierung Sachsen-Anhalt für den Jahrgang 1999

Rotweinlese des Jahrgangs 2000

Da aber die Säure auch etwas Gutes für den Wein hat, nämlich seine Spritzigkeit, seine Finesse und seine längere Haltbarkeit bewirkt, wird seit einigen Jahren verstärkt nach Säurewerten gelesen. Im Jahre 1999 sind auf dem Wachtelberg deshalb 1 000 Rebstöcke von der Rebsorte *Saphira* angepflanzt worden, die mehr Säure in den Wein bringt.

Rotwein im Eichenholzfass

Im Jahr 1997 wurde damit begonnen, wieder Rotwein anzubauen. Im Jahr 2001 standen auf dem Weinberg 2 500 Weinstöcke der Sorte *Dornfelder* und 2 500 der Sorte *Regent*. Die ersten Jahrgänge haben den Beweis erbracht, dass Werder auch für den Anbau von Rotwein geeignet ist, wobei der *Regent* einen wunderbaren Wein erbringt, den man auf einem Sandberg nicht erwarten konnte. Die Trauben des Jahrganges 2000 besaßen 79° Oechsle und wurden erstmals bis zum 1. September 2001 im Eichenholzfass *(Barrique)* ausgebaut.

Dank der relativ günstigen natürlichen Bedingungen Werders, der Fähigkeiten des heutigen Winzers in Werder und des Kellermeisters in Bad Kösen können in Werder Weinqualitäten erzeugt werden, die in den Jahrgängen unterschiedlich sind, aber insgesamt eine einmalige und interessante Ergänzung des Angebotes deutscher Qualitätsweine darstellen – es sind leichte und milde Sandberg-Weine in der Tradition des märkischen Weinbaus. Und das macht jene Einmaligkeit aus, die den Weinberg erhaltungswürdig macht.

Lieb und teuer

Oft wird die Frage gestellt, warum diese Weine so teuer sind? Solche einmaligen interessanten Qualitätsweine zu erzeugen, ist unter den natürlichen märkischen Bedingungen eine sehr anspruchsvolle, kostspielige Aufgabe mit überdurchschnittlich hohen Risiken. Dem Weinbergbetreiber wird ein Höchstmaß an Mut zu Neuem, Kreativität, Fleiß und Liebe zur Rebkultur abverlangt. Was die Risiken der nördlichen Lage betreffen, so ist es vor allem der spätere Austrieb, die etwas kürzere Vegetationsphase und die Gefahr, dass in manchen Jahren der Wein nicht voll ausreift. Der Möglichkeit, solche hochwertigen Rebsorten wie *Riesling* oder *Weißer Burgunder* anzubauen und Weine mit höheren Prädikatsstufen, wie verschiedene Ausleseweine zu erzeugen sind – jenseits des Polarkreises des Weinbaus – natürliche Grenzen gesetzt.

Der märkische Sandboden ist nur mit Mühe fruchtbar zu erhalten. Die Erträge pro Hektar bleiben niedriger als in anderen Weinbaugebieten. Eine weitere Erhöhung der Erträge ist unzulässig, weil darunter die Qualität des Weines leidet. Der Einsatz moderner Technik ist nur begrenzt möglich. Pflege und Lese werden aufwendige Handarbeit mit hohen Lohnkosten bleiben. Das Hauptproblem ist also auch heute wie vor 200 Jahren die Rentabilität, wie es 1792 Hofgärtner Salzmann treffend formulierte (s. S. 61)

Stolz, Sorgen und Pläne

Manfred Lindicke, 1949 geboren, wuchs in einer traditionsreichen Werderschen Obstzüchterfamilie auf. Der Vater war 1960 Mitbegründer der *GPG Pomona Werder*. Lindicke ist verheiratet mit Bettina, hat zwei Kinder und zwei Enkelkinder. Nach dem Besuch der *Erweiterten Oberschule* studierte er an der *Humboldt-Universität Berlin* Gartenbau und promovierte auf dem Gebiet Obstbau. Danach wirkte er elf Jahre als Lehrer an der *Ingenieurschule für Gartenbau in Werder*, war seit 1985 Mitglied der *GPG Obstproduktion Werder* und dort als Bereichsleiter für Erdbeeren tätig. Seit 1990 ist er selbständiger Obstbauberater und seit 1996 gleichzeitig Pächter des Weinberges in Werder

Herr Lindicke, ist Ihnen 1995 die Entscheidung, den Weinberg in Pacht zu nehmen, schwer gefallen?

Im ersten Moment nicht, weil das Herz des Pflanzenbauers durchbrach. Mit welchen Schwierigkeiten diese Aufgabe verbunden ist, haben wir – meine Frau und ich – erst später erfahren müssen.

Wo lagen die Probleme?

Die Ertragssituation erwies sich 1995 als kompliziert. Es wurden nur 150 Kilogramm von fünf Hektar geerntet. Der ganze Weinberg war in einem desolaten Zustand. Pilzliche und tierische Schädlinge hatten ihr Tagwerk getan. Das war der Hauptgrund, warum Bürgermeister Werner Große, der damalige Pächter des Weinberges, Burkhard Polz und ich die Initiative ergriffen, um den *Verein zur Förderung des historischen Weinbaus im Raum Werder (Havel) e. V.* ins Leben zu rufen. Ab Januar 1996 übernahm ich dann den Weinberg als Pächter.

Was lässt Sie zuversichtlich in die Zukunft blicken?

Seit dem der Weinberg 1995 auf der Kippe stand, haben wir in diesen fünf Jahren pflanzenbaulich ein Niveau erreicht, dass sich in Europa sehen lassen kann. Die zwei Medaillen (Bronze und Silber) beweisen uns, dass wir auf dem richtigen Weg sind. Sehr froh bin ich vor allem darüber, dass der Anbau von Rotwein, insbesondere mit der Rebsorte *Regent* alle unsere Erwartungen übertroffen hat, die Nachfrage nach diesem Wein groß ist und wir hier noch ein großes Potential besitzen. Wir verstehen heute, warum die Werderschen Roten im 18. Jahrhundert so gelobt wurden.

Wie sind Sie auf die Idee gekommen, solche neuen Rebsorten anzubauen?

Ich bin schon immer ein Mensch gewesen, der nach Neuem gesucht und es ausprobiert hat. Hier verdanke ich der Ausbildung an der *Humboldt-Universität* sehr viel. Zum anderen habe ich immer Leute mit neuen Ideen gesucht. Den Tipp für die Rebsorte *Regent* erhielt ich von einem Schweizer Winzer. Auf die Idee mit der *Saphira* brachte mich die *Rebschule in Neustadt an der Weinstraße* und das *Institut für Rebzüchtung in Geisenheim*, das an wissenschaftlichen Ergebnissen dieser Versuche interessiert ist.

Wie verhalten sich bei der Umgestaltung des Weinberges die Kosten zum Gewinn?

Wir haben in den letzten Jahren sehr viel investieren müssen und noch nichts herausgeholt. Seit 1997 wurden bis heute 6 000 alte Rebstöcke der Sorte *Müller-Thurgau* gerodet und insgesamt 7 000 neue Rebstöcke gepflanzt, davon 5 000 Rotweinreben, 1 000 Stöcke der Sorte *Saphira* und 1000 Reben verschiedener Sorten auf dem Rebsortenweg. Der Aufwand pro Rebstock – Pflanzgut, Pflanzarbeit und Gerüstbau – beträgt 10 DM – also 70 000 DM. Auch in den nächsten Jahren sind viele Investitionen nötig. Im Jahre 2002/03 sollen 1,1 Hektar neu aufgerebt werden. Damit wird der Weinberg sechs Hektar umfassen. Bis 2006 wollen wir jährlich 0,5 Hektar umreben, dass heißt alte *Müller-Thurgau* durch bessere Weinstöcke ersetzen. Ganz dringend ist der Bau einer neuen Lagerhalle für den Wein. Bisher wurde jede Mark Erlöß wieder in den Weinberg gesteckt.

Wie viel Zeit widmen Sie dem Weinberg?

Mein Arbeitstag beginnt täglich um 7.00 Uhr und endet 21.00 oder 22.00 Uhr – wochentags wie sonntags. Die Obstbauberatung verlangt einen großen Teil der Zeit, aber trotzdem werden die wichtigsten Arbeiten im Weinberg von mir selbst verrichtet. Dazu gehören die Neuanpflanzung, der Rebschnitt beginnend beim Rotwein und alle Maschinenarbeiten. Hinzu kommt die Organisation der Weinlese, die Zusammenarbeit mit dem Kellermeister und die Organisation des Verkaufs und vieles mehr.

Ist Ihre Familie in die Weinbergsarbeit einbezogen?

Alle Mitglieder sind einbezogen. Meine Frau erledigt die Buchhaltung für den Weinberg und kümmert sich mit mir um den Verkauf. Unsere Tochter befindet sich in der Ausbildung und hilft bei der Buchhaltung des Weinverkaufs. Unser Sohn hilft bei der Bereitstellung der Technik und beim Verkauf.

Was bereitet Ihnen Sorgen?

Die Eigentums- bzw. Pachtverhältnisse bei einigen Parzellen. Für circa einen Hektar der Parzellen, die sich quer durch den Weinberg ziehen, gibt es noch keinen Pachtvertrag. Das verhindert eine notwendige Aufrebung beziehungsweise Umrebung dieser Flächen.

Wie steht es mit dem Absatz des Weines?

Beim Rotwein gibt es keine Probleme, beim Weißwein schon. Ein Drittel des Weines wird ab Hof beziehungsweise ab Weinberg von unserer Familie selbst verkauft. Das zweite Drittel verkauft der Weingroßhandel. Das dritte Drittel wird durch zwei regionale Handelsunternehmen und zwei Gaststätten in Werder abgesetzt. Bei den Gaststätten liegen die Sorgen: Außer den beiden wird in keiner weiteren in der Region dieser Wein angeboten. Der Hauptgrund ist, dass die Gaststätten selbst Schwierigkeiten haben, sich mit den märkischen Traditionen zu identifizieren und es ihnen schwer fällt, den Wein als märkische Besonderheit an den Gast zu bringen.

Von wem hier in Werder haben Sie die größte Unterstützung erhalten?

Durch die Stadt Werder. Das betrifft vor allem die Sicherung der Eigentumsverhältnisse. Durch Kauf von Flächen ist die Stadt Werder nunmehr auf 3,2 Hektar Eigentümer des heute sechs Hektar umfassenden Areals. Ferner hat es die Stadt Werder durch die Bereitstellung von Kofinanzierungsmitteln für ein BUGA-Förderprojekt möglich gemacht, dass zwei neue Zuwegungen zum Weinberg und ein neues Weinbergsgebäude mit Aussichtsplattform und Toilettenanlagen gebaut wurden.

Was den Förderverein betrifft, so hat er wesentlich dazu beigetragen, dass die historische Bedeutung des Weinberges und der Traditionscharakter unserer Weine in der Region bekannt gemacht wurde – so durch die *Grüne Woche*, das Osterfeuer, durch Schautafeln und Veröffentlichungen.

Der Förderverein

Als im November 1995 der *Verein zur Förderung des historischen Weinbaus im Raum Werder (Havel) e. V.* gegründet wurde, gingen seine Gründer davon aus, dass es sich beim *Werderaner Wachtelberg* um einen historisch bedeutsamen Weinberg handelt, dessen Erhaltung von kulturgeschichtlicher Bedeutung ist. Mit diesem Weinberg vor den Toren Potsdams und Berlins wird ein lebendes Denkmal des ehemaligen märkischen Weinbaus erhalten und gepflegt. Hier soll in der Praxis erlebbar gemacht werden, was es hieß und heißt, unter märkischen Bedingungen Weinbau zu betreiben. Hierzu ist durch den Betreiber Dr. Lindicke mit Unterstützung der Stadt Werder und ihres Bürgermeisters, Werner Große, sowie der Mitglieder des *Fördervereins historischer Weinbau* unter ihrem Vorsitzenden Jochen Schumann in den letzten Jahren sehr viel geleistet worden, um den Weinberg zu einem Anziehungspunkt Werders zu gestalten.

Erlebnisweinberg

Mit Unterstützung der Stadt Werder wurde zur *Bundesgartenschau Potsdam 2001* in Werder von der Brandenburger Straße aus ein breiter Wanderweg zum Weinberg hinauf angelegt. Die Stadt hat auch immer wieder für günstige und sichere Pachtbedingungen gesorgt. Schritt für Schritt soll der Wachtelberg zum Erlebnisweinberg gestaltet werden – und das nicht nur

Der Weinberg im Winter.

Die Rebe im Mai.

Die Weinblüte im Juni.

Die vollreifen Trauben.

Herbstlaubfärbung beim Dornfelder.

im Goldenen Oktober. Auch im Winter ist der Weinberg ein Erlebnis in seiner sauber geschnittenen Form. Oder nach dem Austrieb im April mit dem kraftvollen Wuchs der Reben. Oder im Juni die Weinblüte. Die »Gescheine«, wie man die Weinblüten nennt, treten nicht so offen wie die Kirschblüte hervor, sondern eher versteckt und schutzbedürftig. Sehr schön ist der Weinberg auch in den Monaten Juli und August, in denen sich die Traubenpracht entwickelt und gerade hier viel Pflege nötig ist bis die schwere Traube im September/Oktober zur Lese ausgereift ist. Nach der Lese ist es dann die Blattfärbung, die im Herbst auch Fotofreunde in den Weinberg lockt.

Weinlehrpfad

All diese Vorgänge stellen sich bei den einzelnen Rebsorten unterschiedlich dar. Um das erlebbar zu machen, haben Dr. Lindicke und der Förderverein auf dem Weinberg einen zweiteiligen Weinlehrpfad als Rebsortenweg angelegt. Hierzu sind 1 000 Rebstöcke der Sorte *Müller-Thurgau* gerodet und dafür viele interessante Rebsorten gepflanzt worden. Der erste Teil der Anlage ist den weißen Rebsorten gewidmet. 23 verschiedene Weißweinsorten und -klone, drei Sorten neuer Tafeltrauben und vier neue pilzresistente Weißweinsorten wurden zu jeweils 25 Stöcken angepflanzt. Es ist zugleich ein Testpfad, auf dem jeder Besucher selbst erleben kann, wie sich die einzelnen Rebsorten, so zum Beispiel der *Silvaner* oder der *Chardonnay*, hier jenseits des 52° nördlicher Breite auf Sandboden entwickeln. Nach erfolgreicher Erprobung ist ein Rotweinpfad geplant. Bereits Walter Pomtow schrieb 1910 in seinem Buch über den Ostdeutschen Weinbau:

»Ein derartiges nördliches Grenzgebiet bietet in kulturgeschichtlicher wie pflanzengeografischer Hinsicht ein hohes Interesse; denn es zeigt als Kampfplatz einer hoch nach Norden vorgeschobenen, sonst nur in wärmeren betriebene Kultur ein weit bewegteres Bild als südlichere Gegenden, in denen der Anbau der selben Pflanze durch die Natur weitgehende Unterstützung findet.«

Ort der Begegnung und der Geselligkeit

In allen Weinorten sind Weinberge mit ihren Weinberghäusern – Hütte oder Schlösschen – Orte der Begegnung und Geselligkeit. Das war auch im alten Brandenburg so. Hier traf man sich mit Freunden und Gästen. Dabei war die Zeit der Traubenreife und der Weinlese der große Höhepunkt.

Am *Werderaner Wachtelberg* beginnt sich erst allmählich eine solche Tradition neu zu beleben. Seit 1997 wird auf dem Weinberg jährlich das nun schon traditionelle Osterfeuer mit Wein, Bratwurst und Fisch veranstaltet, das vor allem von vielen Werderanern besucht wird. Der Weinberg beginnt auch zum Baumblütenfest Besucher anzuziehen, die anstelle des süßen Obstweines die Baumblüte mit einem *Werderaner Wachtelberg* erleben möchten. Und schließlich lockt die Weinlesezeit von Jahr zu Jahr nicht nur mehr Helfer an, sondern auch Besucher, die die Weinlese mit dem hiesigen Federweißer und Speckkuchen erleben möchten.

Kulturvoller Weingenuss

Im Rahmen eines Projektes zur Bundesgartenschau ist nunmehr ein neues Weinbergsgebäude errichtet worden, das völlig neue Möglichkeiten bietet, den kulturvollen Weingenuss zu pflegen. In Zusammenarbeit mit dem Obstbaumuseum, dem Heimatverein und dem Obstbauverein der Stadt Werder (Havel) können historisch interessierte Weinfreunde mit dem Wein zugleich Informationen zur Geschichte des Wein- und Obstbaus in Werder bekommen und an Gesprächen zu Themen wie »*Wein und Speise*« und »*Wein und Gesundheit*« teilnehmen.

Kulturvoller Weingenuss hat in Brandenburg eine gute Tradition. Wenngleich die Märker immer mehr Bier tranken, liebten sie auch den Wein, weil sie wussten, dass mäßiger Weingenuss Leib und Seele gesund hält. In dieser guten Tradition liegt der Weingenuss der Zisterzienser, die den Wert des Weines kannten und gegen die Maßlosigkeit seines Genusses angetreten waren. Nach der Reformation war es der Berliner Johannes Colerus, der in wunderschöner Weise den Wert des mäßigen Weingenusses propagierte: »*In Summa – Unter allen Säften, die es in der Welt gibt, ist der edle Rebensaft der aller köstlichste und herrlichste, wenn man ihn nur mäßig gebraucht. Denn er stärkt den Leib und machet das Herz fröhlich, reinigt und heilet die Wunden, gibt einem Kranken seine Gesundheit wieder und erhält ihm dieselbige, stärkt die natürliche Wärme des Leibes, mehr denn alles andere Essen und Trinken, machet das beste und reinste Geblüt.*« Die Mediziner von heute mögen Colerus verzeihen, wenn er etwas übertrieben hat, aber auch die späteren Hofärzte des Großen Kurfürsten und des Königs Friedrich I. haben es ähnlich verfasst. In allen alten Weinorten – ob an Elbe, Saale-Unstrut, in Franken oder an der Mosel – gehört es zu den guten Traditionen, dass vor allem der einheimische Wein getrunken wird. Auch in den Weinorten Brandenburgs wurde lange Zeit der eigene Landwein geliebt und getrunken. Hierfür gibt es viele Zeugnisse. So das Lied vom Senftenberger Wein. Man schätzte überall den eigenen Wein, weil man wusste, mit wie viel Freude und Mühe er gewonnen worden war. Der Große Kurfürst war selbst Winzer, deshalb wurde an seiner Tafel auch der eigene Wein getrunken. Solange man in Werder Trauben kelterte und die Werderschen das Schwere und das Schöne der Weinbergsarbeit aus eigener Erfahrung kannten, wurde von ihnen der Landwein bevorzugt getrunken. Das wissen wir vom Chronisten Schönemann. Auch jene Werderschen, die nicht mehr kelterten, haben den Wert des hiesigen Landweines zu schätzen gewusst. So schreibt der Weinbergbesitzer Wilhelm Felsch 1870 in seinem Tagebuch, dass der früher aus Werderschem Most bereitete Wein viel besser war als seinerzeit der »Fremdwein«.

Weinlese ist nicht nur harte Arbeit, sondern bereitet auch Freude.

Jährliches Osterfeuer.

Der erste Federweißer vom Werderaner Wachtelberg.

Der Wein vom Wachtelberg hat in den letzten Jahren viele Freunde gewonnen. Wenn es nunmehr möglich ist, den Wein auf dem Wachtelberg zu verkosten, wenn der Besucher vor Ort erfährt, wie dieser Wein entsteht, mit wie viel Liebe zur Sache, aber auch mit wie viel Mühe, wenn er hier die Weinkultur pflegen kann, dann wird auch der Kreis der Freunde des Weines vom Wachtelberg stetig größer werden.

Wohl bekomm's!

Verein zur Förderung des historischen Weinbaus
im Raum
Werder (Havel) e.V.

ZU GUTER LETZT

Nachwort des Bürgermeisters der Stadt Werder (Havel)

Einige Bürger werden sich vielleicht gewundert haben, dass sich die Stadt Werder (Havel) nach Auflösung der *GPG-Obstproduktion* so entschieden für die Erhaltung des Weinberges eingesetzt hat und auch heute alles unternimmt, um die günstigsten Bedingungen für die Pflege der Weinkultur und ihrer Traditionen am *Werderaner Wachtelberg* zu schaffen.

In den Weinbergen liegt eine unserer Wurzeln. Weinbau war ein Haupterwerbszweig der Werderschen. Mit dem Wein sind wir bekannt geworden, und mit den schönen Speisetrauben – und später den Kirschen – haben wir vor allem Berlin versorgt.

Darüber ist schon viel geschrieben worden. Die vorliegende Publikation jedoch vermittelt uns Werderschen neben Bekanntem viel Neues, weil sie unsere engere Geschichte in Beziehung setzt zu den Wurzeln und zu den Leistungen des Märkischen Weinbaus überhaupt und viele neue Quellen erschlossen hat.

In Werder ist heute eine neue Generation herangewachsen, und die Wiedervereinigung hat unserer Stadt viele neue Beziehungen zum großen Berlin und zu vielen Orten Deutschlands und Europas geschaffen. Wir hoffen, dass diese Schrift dazu beiträgt, bei vielen Menschen das Verständnis für diese in der Weinkultur liegenden Wurzeln unserer Stadt zu vertiefen.

Die Stadt unterstützt den Weinbau am *Werderaner Wachtelberg,* weil dieser Weinberg und die hier erzeugten Weine Zeugnis davon ablegen, dass Werder nicht nur eine sehr schöne Altstadt inmitten der Havel und eine herrliche Umgebung besitzt, sondern auch über das Klima eines Weinortes verfügt. Werder gehört zu den sonnenreichsten und niederschlagärmsten Orten Deutschlands. Wir freuen uns, dass mit den am Wachtelberg erzeugten guten Sandbergweinen auch dieser Vorzug Werders für jeden sichtbar und schmeckbar wird.

Nach dem Sie dieses Buch nun gelesen haben, laden wir Sie gerne ein, unsere Stadt und unseren Weinberg kennenzulernen oder uns mit den Eindrücken des Gelesenen erneut einen Besuch abzustatten.

Ihr
Werner Große

Weinbau in weiteren ehemaligen Klosterorten Lehnins

Kloster-Besitz seit		Flurname	Lage zum Ort	Rebfläche/Jahr	Erste Erwähnung/Quelle
Götz	1190			1 ha/1902	
Michelsdorf	1193	Weinberg	östl	4 ha/1902	1819 Karte zur Separation
Trechwitz	1220	Weinberg	nordöstl.		1880 Messtischblatt 3642
Netzen	1241	Weinberg		3 ha	
Ahrensdorf	1242	Alter Weinberg		östl	1682/Suchodoletz
Gohlitz	1244	Weinberg	südwestl.		
Krielow	1248	Weinbergsenden		westl.	
Schmerkow	1305			4 ha/1902	
Leest	1339		nördl	2 Mo/1852	1786/Tschirsky
Phöben	1364	Weinberge	südl.	5 Mo/1838	1786/Tschirsky
Gölsdorf	1421	Weinberg	südl.		
Petzow	1437			15 Mo/1878	1780
Glindow	1452			22 Mo/1852	1852

Ertragsentwicklung auf dem Werderaner Wachtelberg

Rebsorte: Müller-Thurgau

Jahr	*Lesetermin*	*Erntemenge (kg)*	*Liter*	*Hektarertrag (hl/ha)*	*Mostgewicht (°Oe)*
1987		340	230		
1988	21.09.	3.470	2.430	5,5	71
1989	18.09.	22.740	16.000	36,4	70
1990	01.10.	25.040	17.500	39,8	65
1991	06.10.	18.880	14.500	33,0	71
1992	28.09.	13.670	11.066	25,1	63
1993	20.09.	8.240	5.606	12,7	64
1994	25.09.	20.240	16.493	37,5	58
1995	11.10.	150	100		85
1996	08.10.	5.880	4.085	9,3	80
1997	26.09.	14.177	11.017	25,0	77
1998	02.10.	45.500	34.125	77,5	60
1999	18.09.	37.450	28.087	70,2	76
2000	02.09.	11.170	8.377		60
	10.09.	31.795	23.846	80,6	67
	17.09.	4.125	Saft		
2000	Gesamt	47.090			

Rebsorte: Regent

Jahr	*Lesetermin*	*Erntemenge (kg)*	*Liter*	*Hektarertrag (hl/ha)*	*Mostgewicht (°Oe)*
1998	27.09.	180	102	5,	76
1999	18.09.	1.600	990	49,5	76
2000	10.09.	2.220	1.375	68,8	82

Rebsorte: Dornfelder

Jahr	*Lesetermin*	*Erntemenge (kg)*	*Liter*	*Hektarertrag (hl/ha)*	*Mostgewicht (°Oe)*
1999	18.09.	900	600	30,0	78
2000	10.09.	2.590	1.700	85,0	68

Kleine Chronik

1098 Die Weinkultur in Brandenburg und Werder (Havel) hat viele Väter. Einer davon ist die in diesem Jahr im burgundischen Citeaux gegründete Ordensgemeinschaft der Zisterzienser. Sie hat nicht nur in herkömmlicher Weise die Weinkultur gepflegt, sondern den europäischen Weinbau vielerorts auf ein höheres Niveau gehoben.

1115 Gründung des Tochterklosters Morimond. Von hier aus breitet sich die Ordensgemeinschaft der Zisterzienser über viele Tochtergründungen auch nach Brandenburg aus. Über dieses Filiationssystem ist es ihnen möglich, auch die fortgeschrittensten Erfahrungen im Weinbau zu verbreiten.

1120 In Prémontre (Champagne) wird der Orden der Prämonstratenser gegründet. Über das Magdeburger Kloster *Unser lieben Frauen* leistet er nach 1126 nicht nur christliche Missionsarbeit unter den Wenden, sondern betreibt in der Altstadt Brandenburg und anderen Orten auch in bedeutendem Maße Weinbau.

1150 Mit der durch den Askanierfürsten Albrecht der Bär organisierten Besiedelung der Brandenburg, des Havellandes und der Zauche mit niederrheinisch-flämischen Siedlern gelangt auch der Weinstock in die entstehende Mark.

1173 Der erste urkundliche Beleg dafür, dass am Harlunger Berg (Marienberg) in Brandenburg bereits Weinberge im Ertrag stehen, von denen der Weinzehnt an den Bischof zu entrichten ist.

1183 Das 1180 von Markgraf Otto I. gegründete Kloster Lehnin wird von Mönchen und Konversen besiedelt. Wie fast bei allen Klöstern liegt neben dem Kloster Lehnin ein Weinberg. Wann wurde er angelegt?

1193 Markgraf Otto II. übereignet dem Kloster in den Dörfern Eken und Deetz freies Eigentum, wozu jeweils ein Weinberg gehört.

1204 Burggraf Siegfried von Brandenburg überlässt dem Kloster das Dorf Welsenwode für eine lebenslängliche Weinrente.

1219 Ritter Ludolf und Gattin überlassen dem Kloster das Dorf Stangenhagen für eine jährliche Weinlieferung.

1258 Kloster Lehnin gründet in der Uckermark das Tochterkloster Mariensee/Chorin, das bedeutenden Weinbau betreibt.

1317 Das Städtchen Werder in der Havel geht in den Besitz des Klosters über.

1318 Das Kloster erwirbt den Töplitzer Werder und errichtet hier einen Klosterhof, neben dem sich der *Alte Weinberg* erhebt.

1320 Untergang der Askanierherrschaft und Beginn einer fast 100jährigen Periode wechselnder Landesherrschaften, in der Raubritter ihr Unwesen treiben.

1375 Im Landbuch Kaiser Karl IV. wird für Lehnin kein Weinbergsbesitz erwähnt.

1399 Die alte Werdersche Registratur überliefert eine erste Nachricht über den Werderschen Weinbau.

1415 Markgraf Friedrich I. aus dem Hause Hohenzollern wird von König Sigismund mit der Mark Brandenburg belehnt, sie geht in erblichen Besitz über.

1456 Lehnin errichtet in Mühlenbeck (Barnim) einen neuen Klosterhof, neben dem auch ein Weinberg angelegt wird.

1459 Das Städtchen Werder erhält vom Kurfürsten das Recht für die Abhaltung von zwei Jahrmärkten.

1517 In der alten Werderschen Registratur werden erstmals Preise für den Werderschen Wein genannt.

1540 Aus der von Kurfürst Joachim II. angeordneten Kirchenvisitation geht für Werder hervor, dass die Kirche zwei Weinberge besitzt. Der Weinberg am Mühlenberg war an Christoff von Rochow verkauft worden.

1542 Mit der Reformation erfolgt die Auflösung des Klosters Lehnin. Drei Mönche bitten den Kurfürsten, im Kloster wohnen bleiben zu können und versorgt zu werden u. a. mit jährlich acht Tonnen Wein.

1578 Kurfürst Johann Georg erlässt für die kurfürstlichen Weinberge die erste Weinmeister-Ordnung.

1598 Der Berliner Magister Johannes Colerus veröffentlicht sein Weinbuch als Kommentar zur Weinmeister-Ordnung und als Verallgemeinerung märkischer Weinbauerfahrungen. Die Kirche in Werder verkauft ihren Weinberg am Gottesberg an das Werdersche Freigut.

1619–1648 Der 30jährige Krieg. Neben der Pest wüten die Schweden zweimal in der Inselstadt Werder: 1637/1641

1657 Der Große Kurfürst Friedrich Wilhelm verlangt vom Städtlein Werder, dass die Weinbergbesitzer ihre Steuern bezahlen.

1680 Der von Suchodoletz angefertigte Atlas der Herrschaft Potsdam zeigt erstmals die Ausdehnung der *Werderischen Weinberge*.

1682 Johannes Elßholtz, Hofarzt und Botanikus des Großen Kurfürsten veröffentlicht sein *Diäteticon – das ist neues Tischbuch* mit einer Würdigung der Landweine von Potsdam, Fahrland, Saarmund und Werder

1684–1739 Die Beibehaltung der vom Großen Kurfürsten eingeführten Praxis, neuangelegte Weinberge steuerlich zu begünstigen, ermutigt viele Werdersche Bürger, auf wüstem Land Weinberge anzulegen.

1740 Im Jahrhundertwinter erfrieren auch in Werder fast alle Weinstöcke. Der junge König Friedrich II verlangt, in allen erfrorenen Weinbergen der Mark den Weinbau einzustellen. Der Magistrat von Werder protestiert dagegen.
Danach erteilt der König den Werderschen das Recht, ihr Obst und die Weintrauben in Berlin steuerfrei zu verkaufen. Hier beginnt die Umstellung vom Kelter- zum Speisetraubenanbau.

1751 In der durch B. L. Bekmann herausgegebenen Beschreibung der Churmark Brandenburg werden die wichtigsten Weinorte beschrieben.

1775 Die Reisebeschreibung des Berliner Geografen F. A. Büsching enthält eine erste Beschreibung und Kritik des Werderschen Weinbaus.

1781 Anweisung König Friedrich II. zur jährlichen statistischen Erfassung der Weinbaufläche und der Weinerträge in der Churmark. Nach der ersten Erhebung wurden in der Churmark auf 2 343 Morgen Wein angebaut. Werder war mit 380 Morgen der zweitgrößte Weinort.

1792 Hofgärtner Salzmann und Kaufmann Dickow aus Potsdam unterbreiten in Vorträgen vor der *Königlichen märkischen ökonomischen Gesellschaft zu Potsdam* Vorschläge zur Verbesserung der Weinberge und der Behandlung des Mostes.

1797 30 Weinbergsbesitzer und Weinmeister von Werder beantragen die Gründung einer Weinmeisterinnung.

1798 Prof. C. R. Hausen veröffentlicht sein Buch: *Darstellung des Weinbaus (...) in den Marken Brandenburg von 1173 bis auf gegenwärtige Zeit.*

1849 Die »Zunft« der weinbergbesitzenden Weinmeister in Werder ist auf 68 Personen angewachsen.

1851 Seit diesem Jahr werden erstmals Dampfboote für den Obsttransport nach Berlin eingesetzt. 1852 werden mit Dampfbooten 68 467 Tienen und mit Schuten 15 bis 18 000 Tienen transportiert.

1854 Aus dem von H. Berghaus herausgegebenen Landbuch der Mark Brandenburg und der Niederlausitz geht hervor, dass die in Werder für Obstgärten und Weingärten genutzte Fläche auf 983 Morgen ausgedehnt wurde.

1868 Ende des kommerziellen Kelterweinbaus. Bis dahin hat der Kaufmann Dehnicke in Werder aus Werderschen Weinmost einen guten Trinkwein bereitet und verkauft – auch als »Leichenfestwein«. Danach wird Wein nur noch als Haustrunk gekeltert.

1878 Auf maßgebliche Initiative auch alter und neuer Weinmeister wird am 25. September der *Obstbau-Verein-Werder* gegründet.
Im Wachtelwinkel wird vom Weinbergsbesitzer Wilhelm Felsch, »Vater Felsch« genannt, die erste Obstweinschänke eröffnet.

1879 Auf Vorschlag des Obstzüchters Wilhelm Wils wird im Frühjahr dieses Jahres das erste Baumblütenfest Werders durchgeführt.

1890 Auf Initiative märkischer Weinbergsbesitzer wird der *Ostdeutsche Weinbauverein* gegründet und 1891 die erste Wein- und Obstbauschule in Krossen eröffnet. Danach werden viele Weinberge nach rheinischem Vorbild umgestaltet.
In Werder gibt es nur noch einen reinen Weinberg. Es ist der ehemalige Kirchenweinberg am Mühlenberg.

1905 Die in der zweiten Hälfte des 19. Jahrhunderts aus Nordamerika eingeschleppte Rebkrankheit *Peronospora* (falscher Mehltau) tritt in den brandenburgischen Weinbergen erstmals massenhaft auf und führt in vielen Weinbergen zum Totalverlust der Ernte.

1907 Ähnlich wie in Potsdam-Sanssouci und anderen Städten Brandenburgs entsteht im Werderschen Strengfeld eine große Weintreiberei zur Erzeugung hochwertiger Speisetrauben unter Glas.

1908 Das *Königliche Ministerium für Landwirtschaft* entscheidet, den Weinbau in der Provinz Brandenburg staatlicherseits nicht mehr zu fördern. Der *Ostdeutsche Weinbauverein* richtet an den Minister das Ersuchen, die bisherige Förderung beizubehalten und die hiesigen Weinberge mit einem mehr als 700jährigen Kulturbetrieb als Naturdenkmal zu erhalten.

1930 In Werder (Havel) steht die Obstweinkelterei in Blüte. Das Fassungsvermögen der Obstweinfässer beträgt insgesamt 500 000 Liter.

1955 In den Hausgärten Werders sind viele Weinstöcke erfroren. Am *Hohen Weg* wurde danach die letzte geschlossene Rebanlage gerodet.

1984 Durch die *GPG Obstproduktion Werder (Havel)* wird auf einem Teilstück des *Werderaner Wachtelberges* eine 4,75 Hektar große Weinberganlage projektiert und danach schrittweise mit 17 200 Rebstöcken bepflanzt.

1989 Am 12. September Beginn der Weinlese von der Gesamtanlage. Ergebnis: 22 740 Kilogramm mit 70° Oechsle.

1991 Beschluss der GPG zu ihrer Auflösung. Der Weinberg wird bis 1993 durch den Vorstand als Liquidator der GPG weiter bewirtschaftet. Eintragung der Rebfläche *Werderaner Wachtelberg* in die Weinbergsrolle des Weinbaugebietes Saale/Unstrut. Ein Gutachten der *Landes- Lehr- und Versuchsanstalt für Weinbau Bad Kreuznach* erteilt das Prädikat »schutzwürdig«.

1993 Der Präsident des Verbandes deutscher Qualitäts- und Prädikatsweingüter, Prinz zu Salm, spricht sich nach Besichtigung des Weinberges für seine Erhaltung aus. Abschluss eines Übertragungsvertrages zwischen der *GPG Obstproduktion Werder i. L.* und der Stadt Werder (Havel), mit dem die GPG ihr Eigentum an den Rebstöcken, dem Gerüst, der Zaunanlage und dem Weinberghaus kostenlos an die Stadt übergibt und die Stadt ihren Willen bekundet, den Weinberg zu erhalten.

1994 Obstbauingenieur Burkhard Polz übernimmt auf der Grundlage eines Vertrages mit der Stadt Werder (Havel) die private Bewirtschaftung des Weinberges.

1995 Auf Initiative des Bürgermeisters der Stadt Werder (Havel), Werner Große, wird im November der *Verein zur Förderung des historischen Weinbaus im Raum Werder (Havel) e.V.* mit Burkhard Polz als Vorsitzenden gegründet.

1996 Obstbauberater Dr. Manfred Lindicke übernimmt die Bewirtschaftung des Weinberges. Anlässlich der Neueröffnung der Deutschen Bank Filiale Werder (Havel) gestaltet der *Verein zur Förderung des historischen Weinbaus im Raum Werder (Havel)* eine erste Ausstellung zum Werderschen Weinbau .

1997 Der Förderverein veranstaltet das erste Osterfeuer auf dem Weinberg. Mit der Pflanzung von 2 000 Rotweinstöcken wird die alte Tradition der Rotweinerzeugung in Werder wieder aufgenommen. Anlässlich der Landesweinprämierung Sachsen-Anhalt wird der Jahrgang 96 aus Werder mit einem Bronzenen Preis ausgezeichnet.

1999 Erstmals wird im April im Alten Rathaus von Werder eine Jungweinprobe des Jahrganges 98 unter Anwesenheit der Repräsentanten der Stadt Werder und des Weinbauverbandes Saale/Unstrut durchgeführt.

2000 Anlässlich der Landesweinprämierung Sachsen-Anhalt wird der Werdersche Wein *Müller-Thurgau* halbtrocken vom Jahrgang 99 mit einem Silbernen Preis ausgezeichnet.

2001 Im Januar Eröffnung einer neuen Zuwegung (Weißweinweg); April/Mai Anlage des neuen Rebsortenweges für Weißwein; Juli Baubeginn eines neuen Weinberggebäudes; September neue Zuwegung vom Wachtelwinkel zum Weinberg.

Der Autor

Roland Fröhlich. Jahrgang 1932. Erlernter Beruf: Modellbauer. Nach dem Studium an der *Karl-Marx-Universität Leipzig* und dem Erwerb des Diploms eines Lehrers für die Geschichte der Arbeiterbewegung wirkte er als Hochschullehrer an der *Juristischen Hochschule Potsdam.* Hier promovierte er und wurde zum Hochschuldozenten und Professor für Geschichte der deutschen Arbeiterbewegung berufen. Seit vielen Jahren galten seine besonderen Interessen sowohl Problemen der Geschichte Brandenburgs als auch der Kulturgeschichte des Weines. Die auf diesen Gebieten zunächst in der Freizeit betriebenen Studien hat er nach seiner Entlassung aus dem Hochschuldienst zum Schwerpunkt seiner wissenschaftlichen Arbeit gemacht. 1993 erwarb er in einem Fortbildungsseminar des *Deutschen Weininstituts Mainz* die Qualifikation eines *Anerkannten Beraters für Deutschen Wein*.

Aufgrund seiner Studien zur Geschichte des brandenburgischen Weinbaus und seiner Kenntnis der besonderen Bedeutung des Weinbaus am Werderaner Wachtelberg als eine der letzten Inseln und zugleich lebendes Denkmal des ehemaligen märkischen Weinbaus, gehörte er 1995 zu den Gründungsmitgliedern des *Vereines zur Förderung des historischen Weinbaus im Raum Werder (Havel) e.V.*. Seit dieser Zeit setzt er sich dafür ein, diesen bedeutsamen Weinberg und seinen Traditionswein den historisch interessierten Freunden des Weines und den kulturhistorisch interessierten Brandenburgern und Gästen bekannt zu machen. Teilergebnisse seiner Studien sind bisher in der Festschrift des *Fördervereins Kloster Chorin e.V.*: *»725 Jahre Chorin und 900 Jahre Citeaux«* vom Jahr 1998 und in den seit 1998 wieder erscheinenden *Heimatgeschichtlichen Beiträgen der Blütenstadt Werder (Havel)* veröffentlicht.

Quellenhinweise für Archivalien und Literatur

Hinweise zu benutzten Archivalien des *Geheimen Staatsarchivs Preußischer Kulturbesitz Berlin-Dahlem* und des *Brandenburgischen Landeshauptarchivs Potsdam* erhalten Sie vom Autor

Quellensammlungen

Codex diplomaticus Brandenburgensis, Hrsg: P. W. Gercken, Bd. VII 1785

Codex diplomaticus Brandenburgensis. Sammlung der Urkunden, Chroniken und sonstigen Quellenschriften für die Geschichte der Mark Brandenburg und ihrer Regenten, Hrsg: A. F. Riedel, Berlin 1838-1869, Teil A, Bd. 8, 10 und 24

Literatur

Bekmann, J. C.: *Hist. Beschreibung der Chur- und Mark Brandenburg,* Bd. 1, 1751

Berghaus, H.: *Landbuch der Mark Brandenburg und des Markgrafthums Niederlausitz in der Mitte des 19. Jahrhunderts,* 1. Band 1854

Bratring, W. F. A.: *Statistisch-topographische Beschreibung der gesamten Mark Brandenburg von 1804*

Büsching, A. F.: *Beschreibung einer Reise von Berlin über Potsdam nach Rekahn, 1780*

Colerus, J. M.: *Oeconomia und Haußbuch. Anderer Theil. Zum Calendario Oeconomico und perpetuo gehörig: Vom Weinbau, Wittenberg 1598*

Elßholtz, J. S.: *Vom Gartenbau oder Unterricht von der Gärtnerey auf das Clima der Chur-Mark Brandenburg, wie auch der benachbarten Deutschen Länder gerichtet,* 3. verbesserte Auflage, Cölln an der Spree 1684

Prediger Gronau: *Über die kältesten Winter des 18. Jahrhunderts,* in: *Denkwürdigkeiten und Tagesgeschichte der Mark Brandenburg,* Bd. 7, Juni 1799

Hausen, C. R.: *Darstellung des Weinbaus und des mit einheimischen Weinen getriebenen inländischen Handels in den Marken Brandenburg von 1173 bis auf gegenwärtige Zeit,* Berlin 1798

Heffter, M.W.: *Die Geschichte des Klosters Lehnin,* Brandenburg 1851

Martin, B.: *Blütenstadt Werder – Chronik, zum 675-jährigen Jubiläum,* 1992

Moehsen, J. C.l W.: *Geschichte der Wissenschaften in der Mark Brandenburg, besonders der Arzneiwissenschaften,* Berlin 1781

Oeser, W.: *Werder und seine Obstkultur, in: Monatsschrift des Vereins zur Beförderung des Gartenbaus in den Königlichen Preußischen Staaten,* 1876, Nr. 7 und 8

Salzmann: *Können unsere Weinberge verbessert werden? Kann ihr Ertrag gesichert und erhöhet werden und wie ist es möglich?* in: *Annalen der Märkischen Ökonomischen Gesellschaft zu Potsdam,* 3. Band, Heft 2, Potsdam 1798

Schönemann, F. L.: *Diplomatische und Topographische Geschichtsbeschreibung der Churmärkischen Mediat-Stadt Werder,* Potsdam 1784

derselbe: *Historische Nachrichten von dem ehemals berühmten Cisterzienserkloster Lehnin in der Mittelmark,* in: *Denkwürdigkeiten und Tagesgeschichte der Mark Brandenburg,* Jahrg. 1800, Heft 1

Schultze, J.: *Lehnin – 750 Jahre Kloster- und Ortsgeschichte,* 1930

Schwartz, P.: *Der Weinbau in der Mark Brandenburg in Vergangenheit und Gegenwart,* Berlin 1896

Sello, G.: *Lehnin. Beiträge zur Geschichte des Klosters,* 1881

Über den Weinbau in der Gegend von Potsdam und Brandenburg, in: Denkwürdigkeiten und Tagesgeschichte der Preußischen Staaten, 5. Jg. Berlin Februar 1803

Walter; U.: *Die Entwicklungsgeschichte des Werderschen Wein- und Obstbaus,* Berlin 1930
Warnatsch, Stephan: *Geschichte des Klosters Lehnin 1180–1542,* Berlin 2000
Unveröffentlichte Manuskripte, Kopie älterer Veröffentlichungen zur Geschichte Werders, die sich im Obstbaumuseum Werders befinden bzw. die Frau Ilse Hahn, Werder, freundlicherweise zur Verfügung stellte.

Abbildungsnachweise

Bibliotheque Municipale de Dijon (Burgund) (16)
Geheimes Staatsarchiv Preußischer Kulturbesitz (23, 43)
Staatsbibliothek zu Berlin Preußischer Kulturbesitz (33, 40, 41)
Brandenburgisches Landeshauptarchiv Potsdam (12, 23, 50)
Stadt- und Landesbibliothek Potsdam, (46)
Obstbaumuseum Werder (Havel) (2, 27, 53)
Stadtarchiv Werder (Havel) (68)
Postkartensammlung Erhard Schulz, Werder (Havel) (52, 58)
Dr. Manfred Lindicke, Werder (Havel), Dr. Roland Fröhlich, Potsdam (Übrige)

IMPRESSUM
Diese Publikation konnte dank der Unterstützung durch die Stadt Werder (Havel) und den *Verein zu Förderung des historischen Weinbaus im Raum Werder (Havel) e. V.* erscheinen.

Herausgeber
Verein zu Förderung des historischen Weinbaus im Raum Werder (Havel) e. V

Idee und Konzeption
Roland Fröhlich

Redaktion
Anke Kuckuck und Roland Fröhlich

Gestaltung
Tonja Heilmeyer und Betina Müller
gesetzt aus der Cochin Regular, Bold und Italic,
der Chevalier und der Snell Roundhand Regular

Druck und Bindung
Christian und Cornelius Rüss, Potsdam

Potsdam, September 2001

ISBN 3-930752-17-4